AF394352

LA SEXUALITÉ

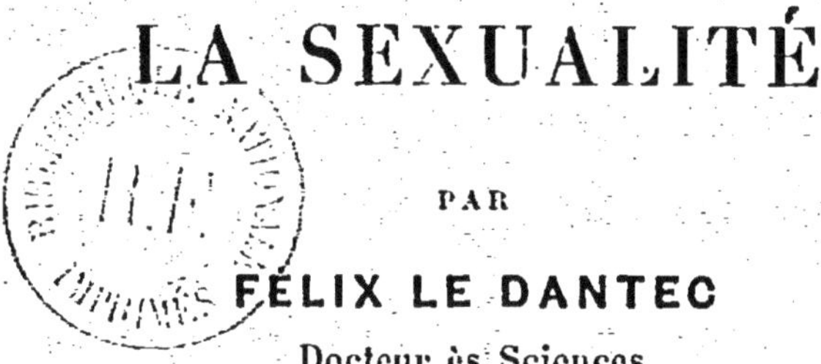

PAR

FÉLIX LE DANTEC

Docteur ès Sciences

TABLE DES MATIÈRES

LA SEXUALITE

Quand Albrecht raconta, en 1701, qu'il avait vu pondre des œufs féconds par un papillon de ver à soie isolé toute sa vie des autres individus de son espèce, on ne voulut pas le croire (1). En 1745, Bonnet se heurta à la même incrédulité lorsqu'il exposa ses observations de la reproduction des pucerons par un seul parent ; Dufour d'abord, puis Kirby et Spence vérifièrent le fait, et ces derniers auteurs y virent « un des mystères du créateur que l'intellect humain ne peut pénétrer complètement ».

C'est une des remarques les plus curieuses et les plus fréquentes dans l'étude de la biologie générale, que la constatation de nos tendances irraisonnées à l'anthropomorphisme. Il faut, pour produire un enfant, la collaboration d'un homme et d'une femme ; une nécessité de même ordre se rencontre dans la reproduction des chiens, des rats, des poulets, des lézards.. C'est là un fait de notoriété publique et que nous enseigne l'observation quotidienne des animaux supérieurs. Or, les notions familières nous paraissent simples et nous les considérons volontiers comme primitives. Nous ne songeons pas à nous étonner de ce qu'il y a, dans chaque espèce de

____

(1) Cependant Aristote avait déjà annoncé que des adultes parfaits peuvent provenir des œufs d'une abeille vierge.

mammifères, deux types nettement distincts et indispensables à la reproduction, parce que c'est la même chose chez l'homme. Bien plus, nous restions incrédules, il y a moins de deux siècles, ou nous criions au miracle, quand on nous annonçait qu'une abeille peut produire des rejetons bien conformés sans le secours du faux bourdon.

Et aujourd'hui que la biologie est née et avance à pas de géants, voilà précisément que cette manifestation si familière de la sexualité apparaît comme le plus mystérieux des phénomènes de la vie ; ce qui est inexpliqué, ce n'est pas la reproduction elle-même, c'est l'existence, dans la plupart des espèces, de deux types distincts d'individus dont le concours est indispensable à la fabrication des jeunes. La notion vulgaire du sexe, si répandue dans le grand public qu'un cas de parturition chez une femelle vierge y passe pour miraculeux, soulève en réalité un des problèmes biologiques dont la solution paraît le plus lointaine aux savants.

Montrez à un enfant un coq faisan et une poule faisane de même race ; il n'hésitera pas à trouver entre ces deux êtres des dissemblances bien plus grandes qu'entre deux poules faisanes de races différentes ; mais il ne s'étonnera pas le moins du monde quand vous lui direz que la poule est la femelle du coq, tant est familière, même à un enfant la notion du dimorphisme sexuel. Un mot, d'apparence claire et précise, vous évitera une explication que vous seriez bien en peine de donner. Il y a des mâles et des femelles dans chaque espèce animale comme il y a des hommes et des femmes dans l'espèce humaine. Très bien, mais en descendant l'échelle de complication de la série des êtres, vous trouverez des difficultés que l'étude de l'homme ne faisait pas prévoir. Quelques papillons ont plusieurs types de femelles extrêmement différents les uns des autres ; et quand il y a parthénogénèse, c'est-à-dire reproduction par un individu seul sans le secours d'un autre individu, quel sexe attribuerez-vous au générateur unique si vous avez décidé d'avance, par l'observation des mammifères, qu'un animal est toujours soit mâle soit femelle ? Le plus souvent on lui attribue le sexe féminin ; pourquoi ? C'est qu'il y a généralement (1) des ressemblances morphologiques entre les générateurs parthénogénétiques et les *femelles vraies* de même espèce qui ont besoin d'être fécondées pour reproduire. Mais alors, qu'est-ce qu'une femelle vraie ? Dans l'espèce humaine, il est rare qu'on ait à hésiter pour dire qu' un individu est homme ou femme ; les différences morphologiques externes sont suffisantes pour que l'examen des organes génitaux soit inutile ; il n'en est plus de même chez les animaux inférieurs dans lesquels ces différences morphologiques ou *caractères sexuels secondaires* manquent quelquefois. Il est donc nécessaire, dans ce dernier cas, d'étudier les éléments reproducteurs eux-mêmes ; le plus souvent (2), ces éléments sont de deux types nettement distincts et on les appelle éléments mâles et éléments femelles sans qu'aucune erreur semble possible ; on dit alors que les animaux mâles sont ceux qui produisent les éléments reproducteurs du du type mâle et cela constitue une seconde définition, physiologique cette fois, du sexe de l'animal. Y a-t-il toujours parallélisme entre cette nouvelle définition et la définition morphologique par les caractères sexuels secondaires quand ils existent ? Et les hermaphrodites ? et les individus stériles ? Dans quelle catégorie faut-il les faire rentrer? On voit combien de questions se posent, même au seul point de vue de la clarté du langage, dès que l'on veut

---

(1) Nous verrons le danger théorique qu'il y a à considérer comme femelles les reproducteurs parthénogénétiques.

(2) Mais pas toujours, cependant.

généraliser à l'ensemble des êtres les notions tirées de l'étude de l'homme et qui ne sont pas toujours susceptibles de généralisation...

La question de la détermination des sexes est à l'ordre du jour et passionne le grand public. Pourquoi, dans une couvée de douze œufs, y aura-t-il tant de mâles et tant de femelles? Si le mâle a une valeur commerciale plus grande, comment l'éleveur devra-t-il s'y prendre pour obtenir plus de mâles? Dans l'état actuel de la science, il est absolument établi que la nature du jeune animal dépend uniquement de la nature de l'œuf fécondé d'où il provient et des conditions ambiantes dans lesquelles s'est effectué son développement. Lequel de ces deux facteurs, nature de l'œuf ou conditions ambiantes, détermine-t-il le sexe du jeune animal? Interviennent-ils tous les deux dans cette détermination ?

Toutes ces questions prennent un caractère encore plus intéressant quand on les pose à propos de l'homme et le monde entier s'émeut quand sort d'un laboratoire la nouvelle prématurée de la découverte d'un procédé de procréation volontaire des sexes. Aussi, que de recherches dans ce sens! Que d'études expérimentales ou statistiques sur l'influence des conditions de fécondation, de nutrition, de température, etc.

Ces recherches ne sortiront pas du domaine empirique et auront, par conséquent, bien peu de chances d'aboutir, tant qu'on n'aura pas remplacé par une notion scientifique précise la notion anthropomorphique vague qui existe aujourd'hui dans le langage courant? Qu'est-ce que le sexe? Quelle est la nature, l'origine des différences sexuelles qui sont la règle chez les êtres supérieurs? Les faits connus aujourd'hui permettent-ils de répondre à ces questions; c'est ce que nous allons rechercher ici.

Comme dans toutes les questions de biologie générale, il faut attaquer le problème par le bas de l'échelle ; il faut voir sous quelle forme se manifestent à nous les premiers phénomènes de sexualité que nous rencontrions en remontant la série de complication des êtres. Il faut surtout, en faisant cette étude, oublier de parti pris tout ce que nous savons des animaux supérieurs, toutes les notions familières dont l'apparente et trompeuse simplicité nous conduirait à mettre un mot à la place d'une explication.

CHAPITRE PREMIER

Les êtres les plus simples, formés d'un seul plastide, d'une seule cellule, se multiplient par bipartitions successives quand ils sont placés dans un milieu convenable. Tel est le cas des bactéries, des amibes, etc. C'est même cette multiplication qui caractérise la *vie élémentaire*, c'est-à-dire la propriété par laquelle les plastides vivants se distinguent des corps bruts.

La multiplication a lieu sans qu'il y ait aucun changement dans les propriétés des plastides, c'est-à-dire que, si vous placez dans un bouillon bien préparé, à une température convenable, une bactéridie charbonneuse (1) par exemple, vous trouverez dans ce bouillon, au bout d'un certain temps, un très grand nombre de bactéridies *rigoureusement identiques* à la première et susceptibles, par conséquent, si l'on transporte l'une quelconque d'entre elles dans un autre vase contenant le même bouillon, de donner lieu à une multiplication de même nature. Les substances constitutives de la bactéridie initiale ou substances plastiques se sont donc multipliées elles-mêmes aux dépens des éléments du bouillon, et, en cela, ces substances se sont montrées tout à fait différentes des corps bruts qui se détruisent toujours, en tant que composés chimiques définis, chaque fois qu'ils réagissent chimiquement. Au lieu de se détruire, les substances plastiques de la bactéridie se sont

---

(1) Je prends comme exemple la bactéridie charbonneuse parce qu'elle est connue de tous ; c'est un petit bâtonnet microscopique d'environ cinq millièmes de millimètre de longueur sur une largeur quatre fois moindre. Elle est très abondante dans le sang des moutons atteints de la maladie appelée *charbon* et M. Pasteur a montré qu'elle est l'agent producteur de cette maladie.

accrûes quantitativement, sans changer de nature chimique, en réagissant avec les éléments du bouillon. C'est le phénomène d'*assimilation* qui caractérise la vie élémentaire (1). Il se représente commodément par l'équation chimique suivante :

$$a + Q = \lambda a + R$$

dans laquelle *a* représente l'ensemble des substances plastiques de la bactéridie initiale, Q les substances empruntées au bouillon (aliments), R les substances accessoires à l'assimilation ; λ, coefficient numérique qui varie avec le temps de l'observation, est toujours plus grand que l'unité, si petit que soit ce temps, dans le milieu considéré réalisant la *condition* n° 1 ou condition d'assimilation.

L'observation prouve que, dans le milieu où se produit l'assimilation, les conditions mécaniques sont incompatibles avec l'existence d'une masse continue de substances bactéridiennes supérieure à une certaine dimension limite (5 μ sur 1,5 μ) ; en effet, au lieu de déterminer un accroissement illimité de la bactéridie, l'assimilation s'accompagne de division, c'est-à-dire qu'elle produit un nombre croissant de petites masses séparées dont aucune n'est supérieure en volume à la dimension limite d'équilibre. Il y a donc *multiplication* des plastides. Chaque plastide nouveau a la même forme que la bactéridie initiale, forme spécifique caractéristique de sa nature chimique et des conditions mécaniques réalisées à son niveau au cours des réactions assimilatrices. Voilà la première forme de la *reproduction*.

Elle consiste en ce fait qu'un *individu* donne naissance, par son activité chimique dans un certain milieu, à plusieurs individus semblables à lui. Dans le cas de la bactéridie charbonneuse et des êtres simples appelés *monoplastides* ou plastides isolés, les individus résultant de la multiplication se séparent les unes des autres ou restent faiblement unis par un ciment gélatineux.

Il n'en est pas de même pour tous les plastides ; quelques-uns d'entre eux, et nous les appelons *plastides initiaux des êtres polyplastidaires*, produisent, en cours d'assimilation, des

---

(1) LE DANTEC. Théorie nouvelle de la vie. Bibl. sc. internationale. Alcan, 1896.

substances accessoires assez résistantes (1) pour réunir en une agglomération solide tous les plastides nouveaux résultant de leur multiplication.

Ces agglomérations constituent les êtres polyplastidaires, animaux et végétaux supérieurs, dont les plastides constitutifs sont dits *éléments histologiques*. Il est immédiatement évident, la forme d'un plastide dépendant des conditions mécaniques d'équilibre, que les éléments *associés* de l'agglomération ne reproduiront pas la morphologie de l'élément initial d'où ils proviennent ; chacun d'eux sera influencé par ses voisins. Bien plus, chacun d'eux ne sera plus directement en contact avec le milieu extérieur ; l'assimilation ne se fera plus avec la même rapidité en tous les points de l'agglomération ; il y aura même des endroits où l'absence d'aliments (2) amènera, par moments, une destruction partielle (3) de certaines substances plastiques. De ces alternatives d'assimilation et de destruction plastique, sur lesquelles je ne puis insister ici (4), résultera la *différencia-tion histologique* dans l'évolution individuelle de l'être poly-plastidaire considéré. Elle peut se résumer en ceci que tous les éléments histologiques de l'être seront formés des mêmes substances plastiques que le plastide initial, mais en propor-tions différentes, autrement dit, il y aura, entre les substances plastiques de tous les éléments histologiques de l'être, identité *qualitative* mais différence *quantitative*. Chaque élément histo-logique tiendra ses propriétés particulières de sa nature quan-titative et aussi de ses relations avec ses voisins, de sa place dans l'organisme (caractères quantitatifs et topographiques).

Tous les phénomènes que nous venons de passer rapidement en revue et qui conduisent à la formation d'un être polyplasti-daire dépendent évidemment de la nature chimique des réac-tions assimilatrices, c'est-à-dire, de la nature chimique des substances plastiques du plastide initial. Ces phénomènes et leur résultat (l'être formé) seront donc différents pour des plastides initiaux contenant des substances plastiques différentes

---

(1) Substances du terme R de l'équation précédente.

(2) Substances Q de l'équation précédente.

(3) Condition n° 2 ou condition de destruction opposée à la condition n° 1 ou condition d'assimilation.

(4) LE DANTEC, Évolution individuelle et hérédité, Bibl. sc. interna-tionale, Alcan, 1898.

et il est tout naturel, dès maintenant, d'appeler plastides de
même espèce ceux qui sont composés des mêmes substances
plastiques et plastides d'*espèce différente* ceux qui diffèrent par
la nature d'une au moins de leurs substances plastiques constitutives. J'ai montré longuement ailleurs(1) que cette définition
chimique de l'espèce cadre parfaitement avec la notion d'espèce
adoptée dans l'histoire naturelle des monoplastides.

Les différences *quantitatives* entre les plastides de même
espèce caractérisent les variétés, les races ; mais alors, un être
polyplastidaire est, d'après ce que nous venons de dire de sa
genèse, composé de plastides de même espèce que le plastide
initial, mais de variétés différentes. Voici, par exemple, un plastide initial appelé *œuf de grenouille* ; il en résultera une agglomération appelée grenouille et comprenant des éléments histologiques de même espèce mais de variétés différentes : la
variété muscle de grenouille, la variété nerf de grenouille, etc.

On définira aussi comme de *même espèce*, les êtres supérieurs provenant de plastides initiaux de même espèce ; il y
aura l'espèce grenouille dérivant de l'espèce œuf de grenouille, etc.

Ces quelques considérations générales étaient nécesaires à
l'étude de la question qui nous intéresse et vont en simplifier
considérablement l'exposé.

Génération agame. — Si tout se passait comme chez la bactéridie charbonneuse, un élément histologique *quelconque* arraché à un être polyplastidaire serait capable de se multiplier
dans un milieu convenable et donnerait, par définition, un nouvel être polyplastidaire de même espèce que le précédent. Cela
a lieu en effet dans beaucoup de cas ; tout le monde sait combien il est facile de multiplier par boutures la plupart des végétaux. La bouture est, il est vrai, une agglomération de cellules
et non une cellule unique, mais cela n'a pas d'importance au
point de vue de la possibilité de multiplication indéfinie des individus. Depuis leur importation en France, les pommes de
terre ont été reproduites par boutures : Cela a lieu aussi pour
beaucoup d'animaux inférieurs ; les hydres, les étoiles de mer,
peuvent être reproduites par un tronçon de leur individu. Une

---

(1) Le DANTEC. La bactéridie charbonneuse. Encycl. sc. des aide-
mémoire. Paris, 1897.

étude attentive des choses donne le droit d'admettre que la même reproduction aurait lieu au moyen d'un seul élément histologique (1), si l'on savait fournir à cet élément histologique un milieu où il fût susceptible d'assimilation. Malheureusement, pour la plupart des animaux, presque tous les éléments histologiques sont trop étroitement adaptés aux conditions d'existence qui leur sont fournies dans l'organisme et se détruisent quand on les transporte dans un autre milieu. Aussi quelques naturalistes ont prétendu que les éléments des animaux *adultes* ne sont plus susceptibles de se multiplier ; c'est même une des explications données de la nécessité des phénomènes sexuels ; nous aurons à étudier tout à l'heure cette assertion dont le peu de fondement apparaît dès qu'on se reporte à la cicatrisation des blessures.

Chez beaucoup de végétaux inférieurs il se forme des cellules spéciales appelées *spores* qui sont douées d'une résistance particulière aux causes extérieures de destruction et qui sont susceptibles d'assimilation dans certains milieux, en dehors de l'organisme d'où elles dérivent ; chacune de ces spores donne naissance à un nouveau végétal et pour beaucoup d'espèces, nous ne connaisons pas d'autre mode de reproduction. Il en est ainsi, par exemple, des champignons comestibles, cèpes, agarics, etc...

Hérédité. — Dès maintenant, nous avons un aperçu de ce que signifie le phénomène de l'hérédité. Lorsqu'un élément cellulaire arraché à un être polyplastidaire, est susceptible d'assimilation dans le milieu où il se trouve, il donne naisance à un nouvel être de *même espèce* que le premier. Pour être de même espèce, il ne s'ensuit pas que ces deux être dérivés l'un de l'autre soient morphologiquement comparables.

La variété quantitative à laquelle appartient l'élément initial du second individu entre naturellement en ligne de compte dans la réalisation des conditions mécaniques qui dirigent la construction de cet individu. Si donc cette variété est notablement différente de celle à laquelle appartenait le plastide initial du

---

(1) Pourvu, naturellement, que cet élément histologique fût un plastide complet, c'est-à-dire contint un peu de *toutes* les substances plastiques de l'espèce considérée ; nous verrons plus loin que certains éléments histologiques sont des plastides incomplets.

parent, le fils pourra être très différent du père ; et cela arrive bien souvent ; la spore de fougère donne un prothalle qui ressemble à une algue ; voilà deux individus *de même espèce* qui dérivent l'un de l'autre et qui sont tellement différents d'aspect que leur examen superficiel les ferait classer dans deux embranchements distincts du règne végétal !

Allons plus loin : l'individu fils donne à son tour un élément détaché capable d'assimilation. Si cet élément appartient à une troisième variété quantitative, notablement différente des deux premières, son développement produira une troisième forme spécifique différente des deux premières ; le petit-fils ne ressemblera ni à son père, ni à son grand père. Des exemples de ce fait ne sont pas rares dans l'histoire des vers plats.

En général le nombre de types quantitatifs d'une espèce, capables de se développer isolément en un être polyplastidaire est restreint, ou tout au moins, en dehors des cas tératologiques, ce sont toujours les mêmes qui se produisent dans les conditions naturelles. Il y a, par suite, un nombre limité de formes spécifiques pour une espèce polyplastidaire donnée. De plus, il suffit de réfléchir un instant pour se rendre compte de ce fait que, dans les circonstances normales, toutes choses égales d'ailleurs, la série de ces formes successives sera toujours la même. Le plastide initial de variété a donnera un être A dont les éléments reproducteurs seront de la variété b ; b donnera B dont les éléments reproducteurs seront de la variété c et, s'il n'y a que trois variétés d'éléments reproducteurs possibles dans l'espèce considérée, l'être C provenu de c donnera des éléments reproducteurs appartenant forcément à l'un des trois types précédents et ressemblant par conséquent soit à leur père, soit à leur grand-père, soit à leur arrière-grand-père. Ce nouvel individu, dans les mêmes conditions extérieures donnera nécessairement les mêmes éléments reproducteurs que le parent auquel il ressemblait ; quand nous serons revenus au type a le cycle sera fermé et recommencera semblable à lui-même, naturellement. Voilà l'hérédité dans sa conception la plus large ; elle se manifeste morphologiquement soit de A à A, soit de B à B, soit de C à C. Chez les êtres supérieurs comme les mammifères et l'homme, il n'y a qu'un type morphologique susceptible de vie libre ; l'hérédité morphologique se manifeste à chaque génération : c'est pour cela que, par une conséquence naturelle de nos tendances anthropomorphiques, nous avons été si profondément étonnés de la découverte de la génération alternante des méduses !

L'hérédité n'est pas limitée aux caractères spécifiques ; il y a aussi hérédité des caractères de race et des carctères individuels (1), mais, pour notre étude actuelle, cette notion générale de l'hérédité spécifique est suffisante.

---

(1) Le Dantec. Évolution individuelle et hérédité (op. cit.).

CHAPITRE II

Nous avons parcouru l'histoire de la formation des organismes et rien ne nous a encore mis sur la voie des phénomènes de sexualité. Nous devons en conclure que ces phénomènes ne sont pas *indispensables* à la conservation de la vie à la surface de la terre ; l'exemple de la bactéridie charbonneuse, de la pomme de terre, des champignons comestibles, etc., le prouve irréfutablement. Ce n'est guère que pour les animaux supérieurs que nous ne connaissons pas de reproduction par spores ou boutures ; cependant ces êtres peuvent se reproduire ; ils proviennent d'un plastide initial appelé œuf, *mais cet œuf n'est pas un élément histologique du parent*. Il résulte de la fusion de deux éléments histologiques dont chacun, séparément, *était incapable d'assimilation*. C'est donc qu'il manquait, à chacun de ces éléments, *quelque chose* que l'autre lui apporte ; chacun de ces éléments était incomplet ; ce n'était pas un plastide, puisque, par définition même, un plastide est doué de vie élémentaire, c'est-à-dire susceptible d'assimilation ; mais puisque ces deux éléments fusionnés donnent un plastide ; chacun d'eux était un morceau de plastide, un *plastide incomplet, incapable d'assimilation*.

Comment ces cellules particulières deviennent-elles *incapables* ? Pourquoi est-ce seulement, au plastide résultant de la fusion de deux éléments incapables, qu'est dévolue (1), dans tant de cas, la puissance de se développer en dehors du parent, c'est-à-dire de donner un nouvel individu de la même espèce ? Voilà les deux questions auxquelles il faut répondre pour donner une idée de la nature du sexe.

---

(1) A l'exclusion de tous les autres éléments histologiques des parents, chez les êtres supérieurs.

Cherchons donc des particularités analogues chez les êtres inférieurs ; et d'abord, voyons s'il y a des phénomènes qui nous expliquent ce que peut être un plastide incomplet, incapable d'assimilation.

Plastides incomplets par mérotomie ou division hétérogène. — Je considère une amibe, c'est-à-dire l'un des êtres les plus simples du règne animal. Les substances plastiques qui la composent sont réparties en deux groupes ; l'un central, le *noyau*, l'autre périphérique, le *protoplasma* (fig. 1). D'un trait de

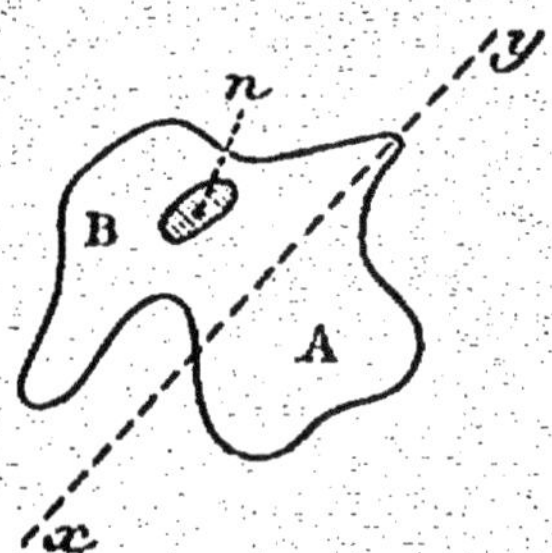

Fig. 1.

scalpel *xy* je divise l'être en deux parties, l'une B contenant le noyau, l'autre A formée uniquement de protoplasma (expérience de *mérotomie*).

L'observation prouve que B contenant encore toutes les substances plastiques de l'espèce considérée reste douée de vie élémentaire et susceptible d'assimilation. A au contraire, dépourvue des substances du noyau, *se détruit fatalement*, dans quelque milieu nutritif qu'on l'introduise, et sa destruction y est assez lente.

Voilà une expérience très simple qui nous donne immédiatement la notion cherchée des *plastides incomplets* incapables d'assimilation quoique composés de substances plastiques. Et remarquez bien qu'on ne peut attribuer au traumatisme la mort élémentaire de A, puisque B continue de vivre ; si l'amibe avait été coupée par un trait *xy* traversant le noyau, les deux morceaux auraient continué de vivre. Notre expérience nous permet donc d'affirmer qu'en soustrayant d'un plastide la totalité de quelques unes de ses substances plastiques, on peut détruire la vie élémentaire du plastide (cas de A auquel on a enlevé la totalité des substances plastiques nucléaires). Au contraire, quelles que soient les soustractions opérées, pourvu qu'elles ne portent pas sur la *totalité* de l'une au moins des substances plastiques, la vie élémentaire persiste, (cas de B auquel on a enlevé une partie seulement des substances protoplasmiques).

Des phénomènes analogues à cette expérience de mérotomie se passent-ils dans la nature ? Notre intervention avec un scalpel pour couper un plastide en deux est toute artificielle, mais nous assistons sans cesse à la division cellulaire. Dans le cas de la bactéridie charbonneuse, cette division est *homogène* ; les deux masses résultant de la division sont identiques et contiennent chacune la moitié de chaque substance plastique du parent ; ces deux masses seront donc des plastides complets et cela *indéfiniment* au cours d'une série indéfinie de divisions homogènes.

Y a-t-il dans la nature des divisions cellulaires *hétérogènes* telles que l'une ou même les deux masses résultant de la division soient des plastides incomplets ? nous le verrons dans la suite.

Plastides incapables par sénescence. — Les infusoires ciliés sont de petits êtres microscopiques qui se trouvent en abondance dans les eaux croupies et dans les infusions végétales. L'observation la plus simple permet de constater que ces êtres se multiplient par bipartitions homogènes comme la bactéridie charbonneuse. Mais Maupas a découvert que ce phénomène ne peut pas se répéter indéfiniment. Il isola, par exemple, le 27 février, un infusoire de l'espèce *Stylonichia pustulata* et il observa la série des générations qui se succédèrent pendant plusieurs mois. Jusqu'à la 230ᵉ génération, survenue le 15 juin, les individus résultant des bipartitions successives étaient normalement constitués et continuaient de se multiplier par division. Mais, à partir de cette date, les individus nouveaux commencèrent à présenter des phénomènes de dégénérescence qui allèrent en s'accentuant jusqu'au 10 juillet, époque à laquelle moururent les dernières stylonichies qui avaient ainsi fourni une série de 316 bipartitions. Le premier indice extérieur se manifeste par la réduction de la taille : les individus affectés de dégénérescence deviennent de plus en plus petits ; la taille des stylonichies peut tomber de 160 millièmes de millimètres à 80 et même à 40. Il n'y a pas que diminution de la taille ; les individus éprouvent des dégradations plus profondes ; quelques unes de leurs parties spécifiques constitutives disparaissent petit à petit ; les individus des dernières générations sont des avortons incapables de se multiplier et « dont la dissolution intégrale sert de couronnement à cette œuvre de désorganisation ».

Maupas a donné le nom de *sénescence* à ce remarquable phénomène. On ne peut tenter de l'expliquer par des bipartitions hétérogènes puisque *tous* les plastides dérivant du même ancêtre ont subi la même dégradation dans un milieu donné. Que s'est-il donc passé ? Jusqu'à la 230e génération, tout a paru comparable au cas de la bactéridie charbonneuse ; les individus de cette génération *semblent* identiques à l'ancêtre point de départ.

Ils ne le sont pas, puisque l'un d'eux, pris à son tour comme point de départ dans des conditions de milieu identiques à celles de l'ancêtre, donnera, au lieu de 230 générations d'apparence normale, 86 générations sénescentes aboutissant à des plastides incomplets condamnés à la mort élémentaire. Il est naturel de penser que les phénomènes dits de sénescence, quoique ne devenant apparents qu'après 230 bipartitions, ont commencé dès le début. S'il y avait assimilation rigoureuse, au sens où nous l'avons définie pour la bactéridie, cela n'aurait pas lieu. La notion des plastides incomplets nous fait penser que, dans les produits de la 316e bipartition, il manque au moins une des substances plastiques spécifiques (1) et comme ce phénomène s'est produit graduellement, il est naturel de supposer que cette substance a diminué petit à petit au cours des générations successives dans chacun des infusoires de ces générations ; cela n'empêche pas que, considérant en bloc tous les infusoires produits, cette substance n'ait pu augmenter beaucoup en quantité absolue pendant les trois mois de l'observation ; mais songez qu'elle est répartie, au bout de trois mois entre un nombre formidable 2^{316} de plastides !

Il suffit donc, pour que les choses se passent comme nous venons de le supposer, d'admettre qu'une des substances plastiques se multiplie *moins vite* que les autres et ceci nous mène à la généralisation suivante de l'équation de l'assimilation que nous avons donnée plus haut. Soit $a = a_1 + a_2 + \ldots + a_p$,

---

(1) Ou, dans tous les cas, que cette substance spécifique est devenue trop peu abondante dans les plastides de la 315e génération pour pouvoir se répartir dans deux plastides nouveaux. Maupas signale fréquemment des bipartitions hétérogènes chez les infusoires tout à fait sénescents.

l'ensemble des p substances plastiques du plastide initial. La vie élémentaire manifestée sera représentée par une équation de la forme :

$$a + Q = \lambda_1\, a_1 + \lambda_2\, a_2 + \ldots + \lambda_p\, a_p + R$$

$\lambda_1,\ \lambda_2 \ldots \lambda_p$ étant des coefficients numériques, fonctions du temps, mais toujours plus grands que 1. Ces coefficients seront égaux dans le cas de la bactéridie charbonneuse ; ils seront inégaux dans celui des infusoires ciliés et tels que l'un d'eux au moins λ_g jouisse de la propriété suivante : $\dfrac{\lambda_g}{2^n}$ décroît quand n, nombre des bipartitions, s'accroît avec le temps, dans des conditions données de milieu. Dans d'autres conditions, ou avec un autre individu comme point de départ, ce sera un autre coefficient λ_j dont le quotient par 2^n tendra vers o, le temps croissant. D'où la possibilité, pour des infusoires de deux séries distinctes, de se *compléter mutuellement* (1) par des échanges de parties (2) et de reculer ainsi la sénescence fatale. Or c'est précisément ce que Maupas a constaté, et ce phénomène, antagoniste de la sénescence, il l'a appelé le *rajeunissement karyogamique*, à cause du rôle facilement observable que jouent, dans l'opération, certains éléments nucléaires.

Le mot karyogamique comprend gamique, de γάμος mariage ; nous entrons dans la sexualité.

La découverte de Maupas a eu, dans la science, un énorme retentissement. Elle a même eu, à un certain point de vue, un effet nuisible. En 1838, Ehrenberg écrivait : « La propagation

---

(1) A cause de cette propriété de se compléter dans l'acte du rajeunissement karyogamique, il est vraisemblable que les infusoires sénescents sont des plastides *incomplets* au sens de la définition du paragraphe précédent, mais cependant, pour réserver l'avenir et ne pas nous heurter à la théorie de ceux qui croient que la fécondation donne une impulsion *physique* qui manquait à l'ovule fatigué, nous appellerons *plastides incapables* ces infusoires sénescents, ce qui sera assez clair et indiquera bien que l'assimilation leur est impossible quel que soit le milieu.

(2) L'hypothèse traduite par l'équation précédente nous vient naturellement ici de la constatation de la sénescence ; plus tard (p. 92), quand nous aurons une théorie du sexe, nous verrons que ce qui se passe en réalité est un cas particulier de cette équation et que la sénescence résulte de la superposition de deux processus : assimilation rigoureuse et destruction.

des infusoires par division fissipare, supprimant toute proba-
bilité de destruction possible de l'individu, leur confère une
permanence potentielle et une dissémination dans les mers de
l'espace qui, *envisagées poétiquement*, ressemblent à l'immortalité douée d'une éternelle jeunesse ». C'est précisément cette
manière d'envisager poétiquement l'histoire des êtres inférieurs qui est la cause des erreurs anthropomorphiques dans
l'interprétation de leur évolution. « Voyez, s'est-on écrié lors
de la découverte de Maupas, les protozoaires eux-mêmes ne
sont pas immortels ! » Comme s'il y avait le moindre rapport,
autre que celui dont nous nous embarrassons sans cesse par
des abus de langage, entre la *mort* de l'homme ou du chien et
la *mort élémentaire* d'une cellule (1) ! Et l'on s'est emballé dans
cette idée néfaste de l'*usure* organique nécessitant de temps en
temps le rajeunissement par la fécondation. Des auteurs ont
pensé que les êtres comme la bactéridie charbonneuse, la
pomme de terre, etc., n'échappent pas à cette loi générale de
l'usure et que si nous les croyons capables de bipartitions
indéfinies, c'est parce que nous ignorons encore, dans l'état
actuel de la science, la nécessité pour eux des phénomènes de
rajeunissement. Et ainsi s'est vérifiée la parole du grand phy-
siologiste : « L'espèce sera restaurée périodiquement par la
réapparition d'une génération sexuelle entre les générations
agames ; la sexualité, source de toute impulsion nutritive, rou-
vrira le cycle vital qui tend à se fermer ».

Je crois plus sage de ne pas généraliser aux protozoaires
ce qui a été constaté pour les infusoires. Beaucoup de traits
de leur organisation feraient rapprocher ceux-ci des méta-
zoaires et l'étude de leurs phénomènes si complexes de rajeunissement karyogamique ne doit pas être séparée de celle des
êtres plus élevés chez lesquels nous constaterons l'alternance
plus ou moins régulière des générations agames avec les
générations sexuées.

Deux manières d'envisager la sexualité. — Nous cherchons,
chez les êtres inférieurs, des phénomènes capables de nous
mettre sur la voie de l'explication du sexe des êtres supérieurs.
Nous venons d'étudier ces êtres au premier point de vue de
l'existence des plastides incomplets, incapables d'assimiler par

---

(1) Le Dantec. L'Individualité. Paris, Alcan 1898.

eux-mêmes, mais susceptibles d'être complétés par l'intervention d'un autre élément plastique. C'est en effet là une des particularités les plus importantes de la sexualité. Il y en a une autre, qui n'est pas moins frappante chez les êtres supérieurs, c'est le dimorphisme sexuel, portant, non seulement sur les individus eux-mêmes, mais sur leurs éléments reproducteurs. N'est-il pas possible d'assister, chez les êtres inférieurs, à l'apparition de ce dimorphisme? Ce serait particulièrement intéressant si nous trouvions des exemples permettant d'étudier *indépendamment du premier*, ce nouveau facteur de la sexualité, le dimorphisme sans plastides incomplets comme nous avons vu, chez les infusoires, les plastides incapables sans dimorphisme. Il y a précisément des exemples permettant d'appliquer ce précieux mode d'analyse.

Apparition du dimorphisme dans les éléments reproducteurs.— Chez une algue confervacée, l'*Ulothrix*, il se forme des éléments reproducteurs de deux dimensions. Les plus grands sont de véritables spores et se développent normalement. Les plus petits peuvent également faire de même, mais il arrive aussi que deux d'entre eux se fusionnent de manière à donner un plastide plus considérable, et ce plastide donne naissance à une plante plus vigoureuse que celle dont le point de départ est un petit élément ayant germé sans accouplement.

Chez l'*Ectocarpus*, qui est encore une algue, il se forme aussi des éléments reproducteurs de deux dimensions. Les grands se développent seuls ; les petits sont le plus souvent obligés de se fusionner deux à deux avant de se développer et Berthold a observé que la fusion a lieu entre deux éléments doués d'une mobilité très différente, l'un d'eux étant déjà devenu immobile alors que l'autre est encore très actif. Vines fait remarquer que le premier est passif et l'autre actif et il considère *par conséquent* (?) le premier comme femelle, le second comme mâle, parce que, chez les êtres supérieurs, l'élément appelé mâle est toujours mobile et va à l'élément femelle passif.

Chez l'algue *Cutleria*, les deux sortes d'éléments qui doivent s'unir sont de dimensions différentes ; les cellules plus grandes et moins mobiles arrivent vite au repos et sont fécondées par les unités plus petites et plus actives. Ces dernières ne sont d'ailleurs plus capables de se multiplier par elles-mêmes.

De plus, les éléments des deux dimensions prennent naissance en des points très distincts de la plante mère...

Nous pourrions suivre pas à pas l'accroissement du dimorphisme sexuel chez les végétaux, nous le trouverons à son maximum de complexité chez les cryptogames vasculaires et en particulier chez *Salvinia natans*. Dans cette espèce, la plante feuillée adulte donne naissance à des sporocarpes de deux natures dont les uns contiennent des microsporanges, les autres des macrosporanges ; les microsporanges donnent des microspores, les macrosporanges des macrospores. Ces spores sont de vraies spores et germent en donnant des prothalles qui ressemblent à des algues (génération alternante, v. plus haut), mais les prothalles provenant des microspores sont mâles, c'est-à-dire qu'ils donnent des éléments reproducteurs petits et mobiles ou anthérozoïdes ; les prothalles provenant des macrospores sont femelles, c'est-à-dire qu'ils donnent des éléments reproducteurs gros et immobiles ou oosphères. Il faut que l'oosphère soit fécondée par l'anthérozoïde pour donner l'œuf d'où dérivera ensuite la plante feuillée. L'ensemble de ce phénomène peut se représenter dans le tableau suivant :

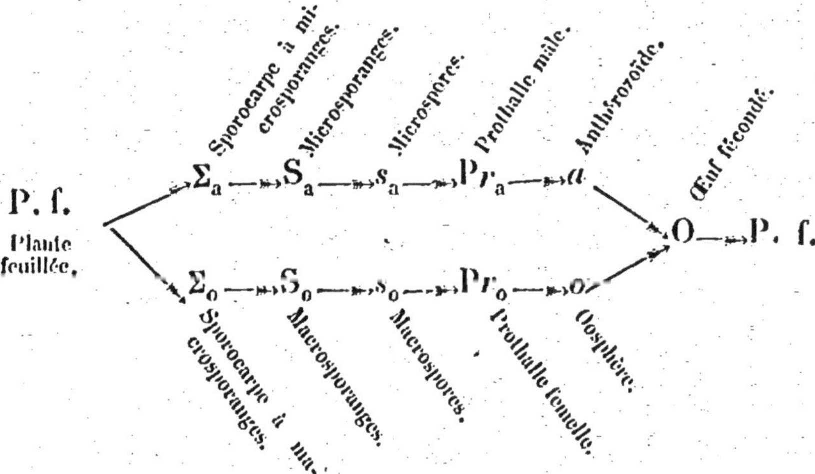

Ne retenons que ce dernier exemple, plus complet et mieux connu que les précédents. Nous y voyons le plus nettement du monde, l'apparition du dimorphisme sans que les plastides soient incomplets, puisque les microspores et les macrospores sont de vraies spores et germent par elles-mêmes en donnant des prothalles. Si au lieu de considérer comme dans le tableau précédent, les divers organes et individus successifs nous considérons seulement les éléments cellulaires qui les constituent, nous voyons que, de l'œuf fécondé O proviennent, dans la plante feuillée Pf, outre les cellules non reproductrices dont je ne tiens pas compte ici, deux sortes d'éléments E_a et E_o, plastides complets de deux types morphologiques distincts qui donnent naissance, en tant que plastides complets, à deux séries parallèles de bipartitions successives, dont les termes ultimes, au bout d'un très grand nombre de générations, sont devenus des plastides incapables de deux types différents et complémentaires a et o. Ce remarquable exemple de *salvinia natans* nous montre la coexistence dans l'histoire de la formation des plastides incapables des deux processus que nous avons étudiés plus haut : division hétérogène et sénescence. Ici c'est évidemment la division hétérogène qui commence, puisque nous pouvons suivre dès le début les deux séries parallèles des éléments E_a et E_o provenant de l'œuf fécondé O. Qui sait même si ce n'est pas une des premières bipartitions de l'œuf qui constitue cette division hétérogène, évidente dans ses résultats ultérieurs. Dans tous les cas, il est bien certain que les éléments originels du type E_a et E_o sont condamnés à la sénescence dans une partie au moins de leurs générations successives. Eh ! bien voilà le résumé de toute l'histoire de la sexualité ! Bipartition hétérogène et sénescence, le premier phénomène précédant ou suivant le second selon les cas, le second portant sur une seule (1) ou sur plusieurs bipartitions très nombreuses, chacun des deux phénomènes pouvant enfin se produire une ou plusieurs fois dans la série qui sépare l'œuf initial des éléments incomplets définitifs. Tous les phénomènes de sexualité se ramèneront à cela.

Ajoutons enfin à l'exemple de *salvinia natans* une nouvelle complication ; les œufs fécondés peuvent être de deux types, donner des plantes feuillées de deux types dont l'une donnera uniquement la série E_a l'autre uniquement la série E_o. Nous verrons plus tard à quoi correspond cette nouvelle complication Pour le moment regardons en arrière.

---

(1) Sur une seule, dans le cas où la bipartition hétérogène donne directement des plastides incapables, sur plusieurs quand elle donne seulement des plastides condamnés à la sénescence.

Il y a des plastides, comme la bactéridie charbonneuse, qui sont capables de se multiplier indéfiniment pourvu que le milieu reste convenable. Pour ces plastides, l'équation de l'assimilation est rigoureusement :

$$a + Q = \lambda a + R$$

J'appellerai ces plastides *équilibrés*; je fais remarquer immédiatement que l'équilibre ne dépend pas, ou au moins ne dépend pas uniquement de la proportion des substances plastiques constitutives, puisque nous pouvons obtenir un grand nombre de variétés quantitatives de la bactéridie (1) qui sont toutes également *équilibrées*.

J'appellerai au contraire *déséquilibrés*, les plastides qui sont condamnés (2) à la sénescence au bout d'un temps plus ou moins long quel que soit le milieu, dans quelques-uns au moins de leurs descendants.

L'œuf fécondé de *salvinia* donne naissance par des bipartitions certainement hétérogènes, à des plastides des deux catégories; les uns, constituant le corps de la plante sont capables de se reproduire indéfiniment par boutures, les autres qui doivent donner les spores, semblent déjà condamnés à la sénescence, c'est-à-dire à la production de plastides incomplets au bout d'un certain nombre de bipartitions (3). De quelle nature est cet *équilibre* existant chez certains plastides, manquant chez les autres, c'est là toute la question de la sexualité.

---

(1) Le DANTEC. La bactéridie charbonneuse, (op. cit.).

(2) Nous verrons plus tard si cette distinction peut être conservée; elle nous servira en tous cas, au cours de l'étude successive des phénomènes de plus en plus complexes de la sexualité.

(3) Il faut néanmoins remarquer que les éléments végétatifs du prothalle sont équilibrés (v. plus loin. *Théorie du sexe*).

CHAPITRE III

FORMATION DES PRODUITS SEXUELS CHEZ LES ANIMAUX SUPÉRIEURS

Nous nous en sommes tenus jusqu'à présent aux considérations les plus générales. Il est temps de décrire succinctement les phénomènes qui accompagnent, chez les animaux supérieurs la formation des produits sexuels.

Les produits sexuels sont des *plastides incapables* (1), *l'ovule mûr* ou élément femelle et le *spermatozoïde* ou élément mâle. L'union de ces deux éléments est la fécondation d'où résulte un plastide complet *l'œuf*.

Les spermatozoïdes se forment dans un organe appelé testicule, les ovules dans un organe appelé ovaire (2). Le cas le plus simple, le mieux étudié, et qui peut être pris comme type est celui de l'*ascaris megalocephala*.

Les *cellules germinales* du testicule donnent, par bipartitions successives, un grand nombre de petits éléments ou *spermatogonies*. Chaque spermatogonie grossit et devient un *spermatocyte de premier ordre*; chaque spermatocyte de premier ordre donne deux *spermatocytes de second ordre*; chaque spermatocyte de second ordre se divise en deux *spermatides*; chaque spermatide, par une simple modification de forme, devient un *spermatozoïde*, plastide *incapable* de multiplication. Le spermatozoïde est très agile; il a une tête et un long flagellum ou queue.

----

(1) Je les appelle *incapables* et non incomplets pour ne pas préjuger de l'interprétation ultérieure des phénomènes (v. plus haut, p. 21, en note).

(2) L'ovaire et le testicule peuvent appartenir à deux êtres différents (sexes séparés) ou au même être (hermaphroditisme); ils peuvent même être réunis en une masse commune (glande hermaphrodite de l'escargot).

Les *cellules germinales* de l'ovaire donnent, par bipartitions successives, un grand nombre de petits éléments ou *ovogonies*. Chaque ovogonie grossit et devient un *ovocyte de premier ordre* (ovule non mûr); chaque ovocyte de premier ordre donne deux *ovocytes de second ordre* de dimensions très différentes (l'un d'eux est le futur ovule mûr, l'autre le premier globule polaire.

Le plus gros de ces deux ovocytes de second ordre se divise en deux parties dont l'une, très grosse, est l'*ovule mûr*, l'autre très petite est le second globule polaire. Vous voyez que cette terminologie (cellule germinale, gonies, cytes) a été choisie de manière à mettre en évidence le parallélisme de la formation des éléments sexuels mâle et femelle.

Y a-t-il des phénomènes observables au microscope et qui permettent de comprendre pourquoi les spermatozoïdes et l'ovule mûr sont des plastides incapables? Il pourrait très bien se faire que non, car les substances qui manqueront dans l'un ou dans l'autre de ces éléments à leur maturité pourraient ne pas avoir dans le plastide la forme d'une masse isolée et par conséquent observable. Voici néanmoins une observation qui paraît chaque jour de plus en plus générale.

Vous trouverez dans tous les traités spéciaux d'histologie la description des diverses parties de la cellule vivante; vous y verrez en particulier, et c'est le seul point qu'il nous soit utile de connaître en ce moment, que le noyau cellulaire contient un nombre défini de corpuscules appelés chromosomes et que l'on peut mettre en évidence, à certains moments, par des réactifs appropriés. Le nombre des chromosomes est le même dans tous les éléments histologiques d'une espèce vivante *sauf dans les éléments sexuels où il est réduit de moitié*. On dit que, dans ces éléments sexuels, il y a *réduction chromatique*. Cette réduction chromatique n'est peut-être pas le seul phénomène qui rende incapables les plastides considérés (1), mais elle est importante parce qu'elle porte sur des corps observables.

Quand et comment s'opère cette division réductrice? Il est à peu près impossible d'y répondre dans l'état actuel de la science; les auteurs ne sont pas tous d'accord et il est possible

(1) Cette réduction chromatique se rencontre en effet dans des cas (parthénogénèse) où se produisent des plastides *capables* et non des ovules.

que le processus de réduction ne soit pas le même dans toutes les espèces vivantes. On donne le nom de *pronucleus* au noyau incapable de chacun des deux éléments sexuels.

Dans tous les cas, l'ovule ou l'élément femelle est gros et généralement immobile ; le spermatozoïde ou élément mâle est petit et mobile et, dans les cas normaux (1), ces deux éléments sont des plastides *incapables* d'assimilation. Leur fusion donne l'œuf, plastide *capable* qui est le point de départ d'un nouvel être.

Avant d'entreprendre l'explication de ces faits si curieux, continuons l'étude de la sexualité dans des manifestations extérieures et en particulier passons en revue les phénomènes de dimorphisme sexuel.

____

(1) Voir plus loin l'étude de la parthénogénèse.

CHAPITRE IV

LES CARACTÈRES SEXUELS SECONDAIRES

Nous avons vu que la sexualité s'est manifestée à nous de deux manières différentes ; d'une part, formation de plastides incapables nécessitant l'acte de la fécondation, d'autre part, dimorphisme des plastides entraînant le plus souvent un déséquilibre qui conduit à la formation fatale, mais plus ou moins tardive, de plastides *incapables*.

Ces deux manifestations ont apparu isolément ; l'une peut exister sans l'autre. Chez les infusoires ciliés dont Maupas a fait l'étude, il y a des espèces absolument dépourvues de dimorphisme ; je considère deux individus sénescents et complémentaires de *Stylonichia pustulata*, au moment où ils vont pratiquer les échanges de substance qui feront de chacun d'eux des plastides *capables*. Désignons par M et N ces deux infusoires. Bornant mon analyse aux phénomènes optiquement observables je constate à ce moment, dans chaque infusoire, la présence de deux petits corps a et z entre lesquels il est impossible d'établir une différence morphologique. Le corpuscule a de N émigre vers M et vient se fusionner avec z de M. Et réciproquement, de sorte qu'après échange, il y a, dans chacun des infusoires considérés, les corpuscules $(a_n + z_m)$ et $(a_m + z_n)$. A ce moment M et N sont redevenus *capables* et vont recommencer, chacun de son côté, une nouvelle série de divisions. Ici, *aucun dimorphisme*, a et z sont appelés *pronucléus*. On convient de dire que a, mobile, est un pronucléus mâle et que z, immobile, est un pronucléus femelle, parce que chez les êtres supérieurs, l'élément appelé mâle est mobile et l'élément femelle immobile. Nous verrons plus tard si ces appellations sont fondées (1).

____

(1) Voir p. 92.

Chez d'autres infusoires, le dimorphisme apparaît. Chez les vorticelles, les deux individus M et N sont notablement différents ; l'un d'eux est volumineux et fixé, on l'appelle individu femelle ; l'autre est petit et mobile, on l'appelle individu mâle. L'individu mâle s'absorbe tout entier dans l'individu femelle par l'acte de la fécondation.

Passons maintenant aux êtres polyplastidaires, composés de plusieurs cellules.

Dans certains cas, tous les éléments plastidaires de l'organisme sont destinés à devenir au bout d'un certain temps des éléments reproducteurs, plastides *capables* (génération agame) ou *incapables* (reproduction sexuée). Alors l'étude de ces êtres ne nous apprend rien de plus que celle des infusoires ciliés ; l'ensemble des cellules en voie de sénescence est associé au lieu d'être dissocié et voilà tout. Ce cas ne se rencontre que chez des formes inférieures.

Chez les êtres élevés en organisation, il n'en est plus de même ; il y a toujours, dans l'individu, deux catégories d'éléments, les cellules *somatiques* constituant le *corps* ou *soma* et les cellules *reproductrices*. Ces deux catégories d'éléments quoique provenant par bipartitions successives du même plastide initial ou œuf ont des destinées bien différentes. Les cellules somatiques sont, dans les conditions normales de la nature, condamnées à la *mort élémentaire* par la *mort* de l'individu dont elles font parties (1) ; les cellules reproductrices au contraire sont destinées à quitter l'individu avant sa mort ou au moment de sa mort et peuvent, *le cas échéant*, échapper à la mort élémentaire et être le point de départ d'un nouvel individu.

Il y a entre les cellules somatiques et les cellules reproductrices une autre différence essentielle ; les premières sont équilibrées, les dernières, le plus souvent, ne le sont pas. Rappelons-nous la définition donnée plus haut des cellules équilibrées.

Les cellules du soma le sont, ou tout au moins le paraissent, quoique condamnées à la mort élémentaire par la mort du soma ; en effet, à un moment quelconque de la vie du soma, une cicatrisation est possible en un point quelconque du corps, ce qui exige des proliférations, des multiplications de cellules

____

(1) Voyez dans l'Individualité (op. cit.) les raisons qui rendent fatale la mort d'un individu polyplastidaire de dimension limitée.

somatiques (1) ; les cellules du soma de la pomme de terre sont susceptibles d'une multiplication *indéfinie* par bouturage.

Au contraire, les *éléments reproducteurs* sont, le plus souvent, déséquilibrés ; la gonie est condamnée à donner au bout de deux bipartitions des éléments incapables de bipartitions ultérieures (2).

Sans pénétrer plus avant dans ces considérations, arrêtons-nous pour le moment aux caractères respectifs du *soma* et des éléments reproducteurs. Et d'abord, il peut se présenter trois cas :

1° Dans un individu donné, il y a formation d'éléments reproducteurs de deux types, le type mâle (spermatozoïdes, éléments petits et mobiles) et le type femelle (ovules ; éléments gros et immobiles) ; l'individu est dit hermaphrodite.

Les sangsues, les escargots, les vers de terre, les tænias sont des espèces dont les individus sont normalement hermaphrodites.

2° Dans un individu donné, il y a formation d'éléments reproducteurs d'un seul type, le type mâle ; alors l'individu est dit individu mâle.

3° Dans un individu donné, il y a formation d'éléments reproducteurs d'un seul type, le type femelle ; alors l'individu est dit individu femelle.

Ces deux derniers cas se rencontrent normalement dans les espèces animales élevées en organisation.

Le cas des espèces normalement hermaphrodites ne nous intéresse pas en ce moment, mais au sujet des espèces dites à sexes séparés, une question se pose tout de suite. Y a-t-il des différences morphologiques entre les *somas* de deux individus de même espèce et de sexe différent ? Ces individus diffèrent par la nature de leur tissu génital ; diffèrent-ils aussi par la forme générale de leur corps ? Y a-t-il, dans chaque espèce un type de *soma* mâle associé à du tissu génital mâle et un type

---

(1) Certains éléments du soma sont probablement des plastides incomplets, mais nous verrons plus tard quelle différence il y a entre ces plastides incomplets équilibrés et les éléments reproducteurs ; d'ailleurs, il y a beaucoup de cas où les éléments somatiques semblent tous complets.

(2) Sauf toujours, les cas de parthénogénèse que nous étudierons ultérieurement.

de *soma* femelle associé à du tissu génital femelle? Autrement dit, peut-on reconnaître, à la seule inspection du *soma* et sans voir le tissu génital, la nature de ce dernier?

La réponse à cette question est négative pour beaucoup d'animaux inférieurs; il est impossible, sans une observation minutieuse du tissu génital, de distinguer un oursin mâle d'un oursin femelle. Mais il n'en est plus de même chez la plupart des autres animaux. Pour citer ceux qui sont d'observation le plus courante, nous savons à première vue distinguer le mâle de la femelle chez les mammifères, les oiseaux, etc...

La sexualité entraînant la fécondation, il y a généralement dans les somas des deux sexes des organes chargés d'assurer l'union des éléments mâles et femelles; lorsque ces organes sont différents chez le mâle et la femelle, on dit qu'ils constituent les *caractères sexuels primaires* ou *différences sexuelles primaires*. Mais il y a en outre entre les somas des deux sexes des différences qui ne sont pas en connexion directe avec l'acte préparatoire de la fécondation et que Hunter a appelées *caractères sexuels secondaires*. Darwin fait remarquer avec raison qu'il est bien difficile de décider que tel caractère sexuel est absolument sans connexion avec les fonctions de reproduction. Il est plus logique d'appeler *caractères sexuels primaires* ceux du tissu génital lui-même et *caractères sexuels secondaires* tous les caractères somatiques, différant dans les deux sexes, quelle que soit d'ailleurs la fonction correspondant à ces caractères.

Il y a donc, chez les mammifères, par exemple, un type morphologique de *soma* mâle et de *soma* femelle, de sorte que désormais, quand nous parlerons de sexe, il faudra toujours dire si nous parlons du sexe génital (sexe proprement dit, sexe physiologique) ou du sexe somatique (sexe morphologique, type de soma correspondant normalement à tel ou tel sexe physiologique) car il n'est pas évident *a priori*, qu'il n'y aura pas d'exception au parallélisme, établi par l'observation d'un grand nombre d'individus, entre la nature des produits génitaux et les caractères sexuels secondaires. Pour prendre un exemple grossier, la barbe de l'homme est considérée comme un caractère de masculinité et il y a des femmes à barbe qui ont des ovaires.

Sélection sexuelle. — Darwin appelle *sélection sexuelle* « le processus par lequel les possesseurs des heureux dons de la beauté et de la force ont évincé ou vaincu leurs concurrents moins bien doués » (1). Dans le cas où « les mâles ont acquis leur structure actuelle, non parce qu'ils étaient plus aptes à survivre dans la lutte pour l'existence, mais parce qu'ils avaient gagné sur les autres mâles un avantage qu'ils ont transmis à leurs seuls descendants mâles, la sélection sexuelle est entrée en jeu... Un léger degré de variabilité, menant à un avantage, si léger qu'il fût, dans des luttes mortelles réitérées, suffirait à l'œuvre de la sélection sexuelle... Les femelles, ont par une sélection prolongée des mâles les plus attrayants, ajouté à leur beauté ou à leurs autres qualités attrayantes » (2). Ainsi que le font remarquer Geddes et Thomson, la sélection sexuelle n'est qu'un cas plus spécial du processus plus général de la sélection naturelle avec cette différence pourtant que la femelle, la plupart du temps, joue le rôle du milieu général pour le choix et la sélection qui sont supposés opérer le perfectionnement de l'espèce.

Wallace explique différemment le dimorphisme sexuel ; au lieu de faire intervenir la sélection sexuelle qui tend à rendre les mâles plus beaux, il fait intervenir simplement la sélection naturelle qui rend les femelles plus ternes et les protège ainsi contre le danger d'attirer l'attention, surtout pendant l'incubation. Les femelles d'oiseaux dont les nids sont découverts, sont en effet, de couleur terne ou au moins de la couleur du milieu (mimétisme homochromique protecteur) tandis que les femelles d'oiseaux à nids couverts ont le plumage aussi brillant que les mâles.

Il est évident, pour tout esprit non prévenu, qu'il y a intérêt à accepter les deux explications antagonistes de Darwin et de Wallace ; chacune d'elles peut être précieuse dans des cas différents. D'autres explications ont été données, notamment par Brooks, par Geddes et Thomson, etc.; mais comme ces explications partent d'hypothèses sur la nature même de la sexualité, nous ne pouvons pas en parler sans avoir établi une théorie du sexe.

Voyons toujours à quoi se réduit la notion de dimorphisme somatique.

---

(1) GEDDES et THOMSON. L'évolution du sexe, trad. française. Paris, Babé. 1892.

(2) DARWIN. La descendance de l'homme, trad. française. Paris, Reinwald. 1872.

L'agglomération polyplastidaire qui résulte de l'œuf se compose, nous l'avons vu, de deux parties distinctes : Le *soma* formé de plastides équilibrés et le tissu reproducteur formé de plastides déséquilibrés. Le sexe génital ou sexe proprement dit est déterminé par la nature des produits ultimes de la division des plastides déséquilibrés : sexe masculin — spermatozoïdes petits et mobiles ; sexe féminin — ovules gros et immobiles. Le sexe somatique est déterminé dans chaque espèce par un type morphologique donné qu'il faut connaître dans chaque cas et qui ne peut donner lieu à aucune définition générale. Le plus souvent, naturellement, le sexe somatique féminin contient du tissu génital féminin et de *même* pour le mâle puisque c'est de l'observation du sexe génital que l'on a conclu, pour chaque espèce, à la détermination du sexe somatique ; en général, on est en droit d'affirmer qu'un soma masculin d'une espèce comme donnera des spermatozoïdes et au point de vue purement descriptif, les exceptions sont insignifiantes ; il n'en est plus de même au point de vue de la théorie du sexe que nous essayons d'établir et les exceptions de ce genre peuvent nous donner des indications précieuses sur la nature du *lien* qui existe entre le sexe génital et le sexe somatique.

Voici un individu femelle d'une espèce donnée ; cet individu provient d'un œuf dont les bipartitions successives ont donné naissance aux cellules somatiques équilibrées et aux cellules génitales déséquilibrées ; quel que soit le moment où s'est faite cette distinction, nous pouvons considérer qu'à un moment de l'évolution une cellule fille de l'œuf s'est divisée en deux parties, l'une équilibrée, l'autre déséquilibrée ; la seconde a donné, par bipartitions successives, des *ovules*, plastides incapables par définition. Le reste a donné le soma de type femelle.

Rien n'est livré au hasard dans les phénomènes de la vie ; tout résulte d'une manière précise de conditions précises. L'individu femelle que nous considérons provient de l'œuf initial et ses caractères résultent de la nature de cet œuf (hérédité) en même temps que des conditions de milieu qui ont entouré son développement (éducation au sens le plus large). Au point de vue du sexe de l'individu considéré, une question se pose immédiatement : Lequel de ces deux facteurs, éducation ou hérédité, a déterminé le sexe de l'adulte ? ou, si les deux facteurs ont concouru à sa détermination, lequel a eu l'influence prépondérante. Nous essaierons de répondre à cette question au chapitre de la détermination du sexe. Les exceptions, quelque rares qu'elles soient, au parallélisme du sexe somatique et du sexe génital nous amènent à nous poser une autre question. La détermination du sexe génital résulte-t-elle des mêmes facteurs que la détermination du sexe somatique ? *Ces déterminations sont-elles indépendantes ?* Autrement dit, la présence du tissu génital d'un sexe donné dans un individu donné est-elle l'un des facteurs de la détermination de son sexe somatique ?

La loi de corrélation nous autorise à nous poser cette dernière question qui peut paraître étrange au premier abord et qui se ramène à ceci. Au moment où se séparent les éléments initiaux des tissus déséquilibrés, les éléments équilibrés qui constitueront le soma sont-ils toujours les mêmes, c'est-à-dire identiques chez le mâle et la femelle, quel que soit le sexe futur des produits ultimes de la bipartition des éléments déséquilibrés ? Si cela était, l'influence du tissu génital femelle dans la corrélation générale, serait *seule* en jeu pour la détermination du sexe somatique femelle de l'adulte. Ou bien, au contraire, le soma séparé des éléments déséquilibrés initiaux, est-il différent suivant qu'il s'est séparé de futurs éléments mâles ou de futurs éléments femelles ? Ou bien encore, y a-t-il, dans les cas naturels, quelque chose de toutes les hypothèses précédentes ?

Le plus souvent, le sexe somatique dure toute la vie sans modification sensible, mais il y a des espèces chez lesquelles il se manifeste temporairement avec une intensité plus grande au moment du fonctionnement plus intense des glandes génitales. On dit, dans ce cas, que les animaux chez lesquels se présente ce phénomène revêtent leur *parure de noces* ; ils la perdent dès que le fonctionnement génital est retombé au taux ordinaire. Là il y a évidemment *corrélation* entre le fonctionnement génital et le sexe somatique, mais cette influence du sexe génital sur le sexe somatique n'est peut-être pas le *seul* facteur de sa détermination. Nous reviendrons sur cette question à propos des résultats morphologiques de la castration.

Aspect général du dimorphisme sexuel. — Dans cette étude qui doit nous mener à une théorie de la sexualité, il serait superflu de donner une description détaillée de divers cas de

dimorphisme sexuel ; je renvoie donc le lecteur aux traités de
zoologie descriptive. Il faut signaler néanmoins que Geddes et
Thomson ont essayé de donner une formule générale de la nature des différences entre mâle et femelle. Le mâle serait plus
actif, la femelle plus passive et il y aurait là un certain rapport
avec le fait que le spermatozoïde est agile et l'ovule fixe. La
température de la femelle serait plus basse à cause de sa vita-
lité moindre.

Chez la plupart des invertébrés le mâle est non seulement
plus agile, mais plus petit que la femelle, et il y a même des
espèces dans lesquelles cette différence de taille est énorme. La
femelle de certains crustacés parasites est mille fois plus volu-
mineuse que le mâle correspondant. Au contraire, chez les
vertébrés, le mâle est généralement plus grand que la femelle.

Chez les insectes, les mâles sont doués d'un appareil pho-
nateur et les Grecs trouvaient que les mâles des cigales « vivent
heureux ayant des femmes privées de voix ». Enfin, dernier
caractère qui, suivant Geddes et Tomson est en rapport avec
l'activité plus grande du sexe masculin, la longévité est plus
grande chez les femelles.

On a beaucoup parlé du nombre respectif de mâles et de femelles dans chaque espèce animale. Düsing a donné une théorie
de l'autorégulation du nombre des mâles par rapport au
nombre des femelles ; nous en parlerons à propos de la théorie
de la détermination du sexe. Chez les poissons, d'après Ful-
ton, les femelles sont beaucoup plus nombreuses que les mâles
sauf chez le baudroie et le loup. Chez les oiseaux au contraire,
d'après Liebe, il y a prédominance du sexe mâle, ce qui est
une bonne condition pour l'acquisition de nouveaux caractères
par la sélection naturelle ou sexuelle...

Résultats de la castration. — Nous nous sommes posé tout
à l'heure la question suivante : L'évolution du tissu génital
dans le sens mâle ou femelle et celle du soma correspondant
dans le sens mâle ou femelle sont elles indépendantes ou cor-
rélatives ? Autrement dit, lorsque les éléments initiaux du
tissu génital se séparent de ceux du soma dans l'évolution de
l'individu, le sort ultérieur de l'une de ces parties de l'être
est-il déterminé en lui-même ou lié à celui de la partie complémentaire, toutes choses égales d'ailleurs dans les conditions
ambiantes ? Si l'on y réfléchit bien, étant donnée la notion au-

jourd'hui acquise du rapport qui existe entre la forme somatique et la composition chimique de ses éléments histologiques (1), la question précédente devient celle-ci : Sans savoir encore en quoi consiste *essentiellement* la différence des sexes, différence qui existe certainement entre le tissu génital mâle et le tissu génital femelle, *devons-nous admettre une différence de même ordre entre les éléments somatiques des individus de sexe différent ?* Y a-t-il un élément musculaire mâle et un élément musculaire femelle correspondant aux somas mâle et femelle d'une espèce ? Ou au contraire, doit-on considérer que les éléments somatiques, une fois séparés des élément initiaux du tissu génital, sont identiques dans les deux sexes et que les différences somatiques constituant le dimorphisme sexuel sont *uniquement* le résultat de la présence dans deux somas originairement identiques de tissus génitaux différents ?

L'ablation expérimentale du tissu génital, lorsqu'elle n'est pas suivie de mort, peut permettre de répondre d'une manière plus ou moins définitive à la question précédente ; mais il y a dans ces expériences une difficulté pratique sur laquelle il faut attirer immédiatement l'attention. Chez la plupart des êtres supérieurs, la morphologie somatique *se fixe* progressivement au cours de l'évolution, grâce à des caractères squelettiques (2) indélébiles : ces caractères une fois produits *ne peuvent plus disparaître*, même si l'on fait disparaître la cause réelle de leur production. Je m'explique :

Il s'agit de savoir si deux individus de sexe différent mais de même espèce, débarrassés de leur tissu génital, deviendront identiques. Il est certain que cette identité ne pourra jamais être complète si, au moment de la castration, il y a déjà, dans les deux individus considérés, des caractères sexuels secondaires *à squelette conjonctif fixé.* Si l'on châtre, le jour de leur naissance, un garçon et une fille, il restera toujours entre eux des différences provenant de ce que les organes d'accouplement étaient déjà dessinés sur deux modèles distincts ; l'influence ultérieure du tissu génital dans la corrélation générale de

----

(1) LE DANTEC. Évolution individuelle et hérédité. Bibl. sci. internationale. Alcan, 1898.

(2) Il faut entendre par squelette tout ce qui, dans l'animal, est en dehors des éléments vivants eux-mêmes et ne prend pas part aux réactions chimiques de la vie ; telle est, par exemple, la substance fondamentale du tissu conjonctif...

l'individu aura été supprimée par l'opération, mais il faut bien se
rappeler que, à chaque instant de l'évolution individuelle, le
squelette, déjà construit au moment où l'on fait l'observation est
l'une des conditions *importantes* de l'équilibre morphologique
ultérieur. Il ne faut donc pas s'attendre à voir un garçon et
une fille devenir identiques après castration, mais si les caractères sexuels secondaires dépendent uniquement de la nature
du tissu génital et pas du tout du soma, on doit s'attendre *à ne
pas voir apparaître*, chez les castrats, ceux des caractères
sexuels secondaires qui n'avaient pas encore apparu au moment de l'opération. Pour la question théorique qui nous
occupe, une expérience de castration sera donc d'autant plus
intéressante qu'elle prendra les sujets plus jeunes ; elle ne donnera de résultat complet que si elle est réalisée sur des sujets
encore dépourvus de tout caractère sexuel somatique ; dans ce
cas, en effet, si le soma n'a véritablement pas de sexe propre,
on ne constatera aucune différence dans l'évolution postopéra-
toire des sujets, mais une difficulté proviendra de l'appréciation
généralement impossible du sexe du tissu génital au moment où
le sexe somatique n'est pas encore évident. Cependant, l'étude
de la castration parasitaire nous tirera d'embarras.

Tout le monde connaît les résultats de la castration chez
l'homme et les animaux domestiques. Ils plaident tous dans le
sens de l'absence de sexe proprement dit du soma, mais, chez ces
êtres, l'opération de castration est toujours très tardive, posté-
rieure au moins à l'apparition de quelques caractères sexuels
importants. Les remarquables phénomènes de castration parasitaire, si ingénieusement mis en lumière par A. Giard, donnent
des résultats plus complets. Je ne puis que renvoyer le lecteur
aux admirables mémoires du savant professeur ; je retiendrai
seulement ici les quelques faits dont la connaissance est indispensable à la construction d'une théorie de la sexualité. Voici
d'abord un principe général :

« Les diverses individualités morphologiques qui composent un organisme vivant sont susceptibles d'être rempla-
cées par des individualités étrangères de même ordre tectolo-
gique ou d'ordre différent. Des individualités étrangères de
divers ordres peuvent aussi être surajoutées à un organisme
déterminé. Dans ce cas, la morphologie de l'être dans lequel
se sont produites ces substitutions ou ces additions est évidemment modifiée ; l'équilibre physiologique de l'ensemble

est, tantôt conservé, tantôt consolidé, tantôt ébranlé. » Tous les cas de castration parasitaire se rapportent à ce principe général. Il peut y avoir castration parasitaire directe ou indirecte. « La castration parasitaire est directe lorsque le parasite (1) détruit directement, soit par un moyen mécanique, soit par nutrition, les glandes génitales de son hôte; elle est indirecte quand elle est produite à distance par un parasite non directement en rapport avec les glandes génitales de l'hôte. » Indépendamment de la question du dimorphisme sexuel, le cas de la castration indirecte a un intérêt particulier au point de vue de la théorie du sexe, car la fréquence très grande de ce cas donne des indications précieuses sur la nature des relations symbiotiques entre le tissu génital et le soma. Nous aurons à revenir plus tard sur cette question.

« La castration parasitaire peut amener l'arrêt du développement des caractères sexuels secondaires de l'un et de l'autre sexe, et dans ce cas, son étude jette quelque lumière sur la question du dimorphisme sexuel; elle peut produire, chez un animal d'un sexe déterminé, des caractères sexuels secondaires du sexe opposé. Dans le cas où il y a production d'un état stérile parfait, la castration parasitaire peut amener dans l'un et l'autre sexe une *forme moyenne*. » La castration parasitaire est quelquefois opérée dès l'âge le plus tendre, ce qui est impossible à la castration expérimentale; et alors, on constate que tous les individus paraissent être du même sexe, quant aux caractères somatiques. Enfin, l'étude des crustacés présente un intérêt particulier à cause des *mues* qui autorisent un changement de forme squelettique même chez l'adulte; c'est ainsi que de vrais mâles bien développés, puis châtrés, peuvent, après quelques mues, acquérir un soma absolument femelle; pour le *Stenorhynchus*, espèce de crabe dont le dimorphisme sexuel est des plus accentués, Giard écrit : « Un dessin de ces mâles châtrés par le parasite est absolument inutile. Il se confondrait avec les figures classiques données pour le sexe femelle. » La conclusion de cette étude s'impose :

1º Les éléments histologiques du soma n'ont pas de sexe.

2º Le dimorphisme sexuel du soma est uniquement le résul-

______

(1) On donne le nom de *parasite gonotome* au parasite qui produit la castration de son hôte.

tat de l'influence (1) du tissu génital dans la corrélation générale.

Hermaphrodites. — A propos du dimorphisme sexuel, il faut dire quelques mots des espèces vivantes chez lesquelles le tissu génital mâle et le tissu génital femelle coexistent dans le même individu. On dit que ces êtres sont hermaphrodites. C'est le cas pour la plupart des fleurs et pour beaucoup d'animaux inférieurs (sangsues, escargots, vers de terre, tænia, etc.).

Plusieurs auteurs ont prétendu que tous les animaux supérieurs, unisexués à l'état adulte, passent par une phase hermaphrodite au début de leur développement ; chez le poussin par exemple, d'après Laulanié, cet hermaprodisme serait constatable entre le septième et le neuvième jour de l'incubation ; mais à partir du neuvième jour, les éléments femelles disparaîtraient quand c'est un testicule qui se développe et les éléments mâles feraient de même quand c'est un ovaire qui se construit.

Même à l'état adulte, des animaux d'espèce normalement unisexuée peuvent présenter un hermaphroditisme accidentel ; ce cas n'est pas rare chez les batraciens ; on a trouvé aussi des papillons hermaphrodites qui avaient d'un côté un ovaire et de l'autre un testicule, et chez lesquels, chose merveilleuse, les caractères sexuels secondaires étaient mâles d'un côté et femelles de l'autre. Les *anilocra* crustacés isopodes sont mâles étant jeunes et deviennent femelles en vieillissant.

On désigne sous le nom d'hermaprodisme partiel le cas de certains animaux qui semblent constituer une exception au parallélisme entre le sexe somatique et le sexe génital ; il y a eu accidentellement, pour une raison inconnue, renversement du sexe ; mais les caractères morphologiques déjà existant et fixés par un squelette, sont restés acquis. Un cas très curieux de cet hermaphrodisme partiel se rencontre chez les veaux jumeaux. Les deux individus sont, ou bien de sexe opposé et

____

(1) Seulement, il y a quelquefois, nous le verrons, *influence réciproque*, le sexe génital étant déterminé, chez l'abeille mâle par exemple, par les conditions de nutrition spéciales à un soma provenant d'un *œuf plus petit* (v. p. 91), absolument comme, chez *Salvinia natans*, le sexe des prothalles était déterminé par la grosseur des spores d'où ils provenaient.

normaux, ou bien tous deux femelles et normaux, ou bien enfin, tous deux mâles, et dans ce dernier cas l'un des mâles est anormal et a un utérus et un vagin rudimentaire. Dans d'autres cas d'hermaphrodisme partiel, on trouve des individus chez lesquels les caractères secondaires des deux sexes semblent tous mêlés ensemble.

Le plus souvent, et particulièrement lorsque le lieu de production des éléments mâles est très voisin de celui des éléments femelles chez un hermaphrodite vrai, il y a une tendance à la périodicité dans la production des éléments des deux sexes et rarement synchronisme dans la maturité des tissus mâles et femelles. Les botanistes appellent cette alternance *dichogamie protandrique* quand les étamines naissent d'abord, *protogynique* dans le cas bien plus rare où les éléments femelles les précédent. Nous avons constaté chez les *anilocra* un phénomène de dichogamie. Mais quand l'ovaire est anatomiquement éloigné du testicule chez un hermaphrodite vrai, il peut y avoir maturité synchrome des éléments des deux sexes. Remarquons immédiatement que cette dernière particularité est nécessaire à l'auto-fécondation ; quand il y a dichogamie il faut de toute nécessité une fécondation croisée entre deux individus dont l'un joue le rôle de mâle, l'autre le rôle de femelle au moment considéré.

Darwin considère la fécondation croisée comme un avantage spécifique qui aurait, par conséquent, naturellement substitué dans le cours des siècles les formes unisexuées aux formes ancestrales hermaphrodites. Ceci nous amène à l'hypothèse de l'hermaphrodisme primitif des espèces, que nous aurons à discuter à propos de la théorie du sexe.

Le botaniste américain Mecham s'est élevé contre cette opinion de Darwin que le croisement était avantageux pour l'espèce.

Dans tous les cas, il y a certains animaux comme les cestodes, chez lesquels il est certain que l'autofécondation a lieu communément.

Quelques auteurs ont établi un rapport entre l'hermaphrodisme et la vie paresseuse ou parasitaire des animaux ; ce rapport est indéniable dans beaucoup de cas, mais il y a néanmoins des exceptions comme celle de ces Cténophores de haute mer qui sont à la fois hermaphrodites et très actifs.

Darwin a découvert chez des Cirrhipèdes, qui sont normalement hermaphrodites, l'existence de petits individus sexués qu'il a appelés les *mâles complémentaires*. Chez des Myzostomes hermaphrodites, Graf a signalé la même particularité. Il semble donc qu'il y ait trois et non deux cas seulement dans la série animale : 1° Espèces contenant des individus tous hermaphrodites avec ou sans dichogamie ; 2° Espèces contenant des individus hermaphrodites et des individus mâles (1) ; 3° Espèces contenant des individus mâles et des individus femelles.

En terminant ce rapide résumé de l'histoire de l'hermaphrodisme, il faut encore signaler le fait, reconnu par Giard chez *Amphiura squamata*, que la castration parasitaire peut atrophier le tissu génital d'un sexe seulement, transformant ainsi en individu unisexué un organisme normalement hermaphrodite.

---

(1) Les abeilles nous donneront en quatrième cas : espèces dans lesquelles il y a deux types seulement, l'un parthénogénétique (reines et ouvrières), l'autre mâle, sans femelles vraies.

CHAPITRE V

LA FÉCONDATION

Nous n'avons pas à nous occuper ici des phénomènes externes qui préparent la fécondation, c'est-à-dire l'union du spermatozoïde et de l'ovule ; qu'il suffise de savoir que, dans un milieu liquide approprié, l'ovule *attire* le spermatozoïde. Cette attraction n'a rien de mystérieux ; les expériences de *chimiotaxie* ont prouvé qu'un très grand nombre de plastides mobiles sont *attirés* par certaines substances chimiques et parmi les plastides mobiles sur lesquels ont porté les expériences, les éléments sexuels mâles sont précisément les plus nombreux ; pour n'en citer qu'un exemple, une solution d'acide lactique attire les anthérozoïdes des fougères.

Or, les phénomènes de chimiotaxie sont susceptibles d'une explication mécanique fort simple (1), la seule chose qui soit remarquable dans l'attraction sexuelle est donc ceci : que, dans chaque espèce, l'élément femelle laisse diffuser dans le liquide où a lieu la fécondation une substance douée d'une chimiotaxie positive par rapport à l'élément mâle correspondant. Il en est peut-être de même d'ailleurs de l'élément mâle par rapport à l'élément femelle ainsi que semble le prouver la déformation de l'ovule au voisinage du spermatozoïde qui va y entrer, mais le résultat de cette attraction est beaucoup moins évident, d'abord parce que l'ovule est gros et immobile, ensuite, parce que le spermatozoïde, très petit, ne peut laisser diffuser que peu de substance active.

Quoiqu'il en soit, on peut affirmer étant donnée l'explication chimique de la chimiotaxie, que les éléments de l'un des sexes possèdent une substance capable de réagir vigoureusement avec le protoplasma des éléments de l'autre sexe et cette affir-

---

(1) Le Dantec. Théorie nouvelle de la Vie. Bibl. sc. internationale Alcan, 1896.

mation nous sera utile dans la suite ; nous sommes en même temps mis en garde contre l'hypothèse qui voit des hermaphrodites dans les deux infusoires sénescents qui s'accolent par attraction réciproque dans le rajeunissement karyogamique ; l'attraction semblerait prouver que chacun d'eux contient deux pronucléus mâles ou deux pronucléus femelles et non, comme on le dit, deux pronucléus de sexes opposés. Nous aurons d'ailleurs à revenir sur cette question à propos de la théorie du sexe.

Dans l'acte de la fécondation, une grande partie de la substance du spermatozoïde s'ajoute à la substance de l'œuf la queue seule reste en dehors. Hertwig et Strasbürger ont pensé que la fécondation était un phénomène purement nucléaire. Plusieurs auteurs, et Boveri en particulier, se sont élevés contre cette manière de voir ; on attribue aux phénomènes nucléaires une importance plus grande parce qu'ils sont morphologiquement plus apparents, mais c'est là une conception dangereuse car des réactions chimiques importantes peuvent avoir lieu sans se traduire par des phénomènes observables au microscope. D'ailleurs, la découverte des *centrosomes* a permis de constater, morphologiquement aussi, les phénomènes protoplasmiques de la fécondation.

Je n'insiste pas sur les phénomènes de fusion, morphologiquement constatables dans la fécondation entre les pronucléus de sexe opposé, etc... La description de ces phénomènes serait d'un médiocre intérêt pour le but que nous poursuivons. Essayons plutôt d'interpréter l'acte même de la fécondation ; les théories les plus diverses ont été émises à ce sujet.

Il y a certainement *addition matérielle*. Pour Weissmann il y a seulement addition et le phénomène de la fécondation est par suite absolument comparable à celui par lequel on redonnerait la vie élémentaire à un morceau d'amibe non nucléé en lui rendant le noyau que la microtomie lui a enlevé ; les éléments sexuels seraient donc des plastides incomplets (1).

---

(1) Mais, pour Weissmann, le mot incomplet n'aurait pas le même sens que pour nous ; il serait relatif à l'absence de certaines particules représentatives des propriétés ancestrales, tandis que pour nous il se rapporte à l'absence de substances plastiques nécessaires à l'assimilation. On se demande alors, pourquoi les éléments sexuels de Weissmann n'*assimileraient* pas, puisque, dans sa théorie, ils descendent d'ancêtres qui avaient deux fois moins de caractères et assimilaient néanmoins.

Pour Sachs, de Bary, etc... il y a des phénomènes chimiques dans la fécondation ; pour Rolph il y a digestion mutuelle des éléments. Sabatier fait remarquer que : « il y a tout un remaniement intime et interne, un mélange et un brouillage de particules ; il en résulte des modifications profondes dans les contacts moléculaires et les contacts nouveaux qui s'établissent sont propres à surexciter les activités nutritives et à leur donner un nouvel essor ».

Somme toute, les auteurs se placent à deux points de vue ; pour les uns, l'élément sexuel ne peut assimiler parce qu'il ne contient pas toutes les substances chimiques nécessaires (plastides incomplets) ; les autres, (tout en admettant quelquefois aussi que le plastide est chimiquement incomplet) croient que la fécondation donne à l'élément sexuel une sorte d'énergie physique qui lui manquait, un coup de fouet qui lui rend la jeunesse (?) et fait disparaître l'usure (?) Nous n'avons pas encore le droit de donner raison aux uns ou aux autres et nous conservons aux éléments sexuels la dénomination de « plastides incapables », plus générale que celle de plastides incomplets et qui indique seulement qu'il leur manque quelque chose (agent chimique ou agent physique, ou tous les deux), pour pouvoir assimiler et se multiplier par bipartitions successives.

Hybrides. — Normalement, la fécondation a lieu entre éléments sexuels de même espèce, mais elle est possible dans certains cas entre des éléments d'espèce différente, ce qui exige deux choses : 1° que l'attraction chimiotactique existe entre ces éléments sexuels d'espèce différente (1) ; 2° que la fusion de deux éléments d'espèce différente donne un plastide capable d'assimilation. Quand ces deux conditions sont réalisées, le produit de cette fécondation croisée s'appelle un hybride.

Le plus souvent, l'hybridation n'est possible qu'entre espèces voisines appartenant à un même genre ; cependant on cite des cas d'hybridation entre espèces de genre différent et même de famille ou de classe différente ! Ces cas sont exceptionnels.

Les hybrides sont souvent des individus très vigoureux,

____

(1) Cela n'a pas toujours lieu, loin de là ; un œuf d'astérie n'attire pas les spermatozoïdes d'oursin.

mais *ils sont le plus souvent d'une fécondité restreinte ou tout à fait nulle*, fait important sur lequel nous aurons à revenir plus tard. Cependant on cite des hybrides dont les produits sont restés féconds pendant quelques générations successives.

Généralement, les hybrides de première génération ont une forme intermédiaire à celle des parents (1).

Brooks a prétendu que le produit du croisement tient plus du père que de la mère ; cette assertion ne résiste pas à un examen approfondi. Nous tirerons, au chapitre de théorie du sexe, des enseignements précieux de ces faits d'hybridation.

-----

(1) Voyez plus loin, p. 86.

CHAPITRE VI

LA PARTHÉNOGÉNÈSE

Chez certains êtres, dans certaines conditions, des éléments cellulaires, qui ressemblent par leur mode de formation à des éléments sexuels, sont capables d'assimilation et donnent naissance à des individus d'apparence normale, *sans qu'ils aient besoin d'être complétés par l'acte de fécondation.* On dit alors qu'il y a parthénogénèse. Normalement, c'est à un ovule que ressemble l'élément parthénogénétique. Geddes et Thomson voient un cas de parthénogénèse *mâle* dans le fait que, chez quelques algues inférieures, une microspore qui devrait s'unir à une macrospore plus grande, peut à l'occasion se développer d'elle-même ; mais il y a là une interprétation un peu risquée.

Les cas que nous allons étudier sont des cas de parthénogénèse femelle, c'est-à-dire des cas où l'élément parthénogénétique ressemble à une ovule. Cette étude doit se faire ici à cause de la lumière qu'elle peut apporter dans l'interprétation de la sexualité ; mais en réalité elle est en dehors de notre sujet ; la parthénogénèse est une génération agame ; nous ne rapporterons donc les faits relatifs à ce mode de reproduction qu'en tant qu'ils pourront être utiles à la théorie du sexe.

Les éléments appelés *œufs parthénogénétiques* ont un mode de formation analogue à celui de l'ovule mûr femelle. Pourquoi donc peuvent-ils se développer seuls, sans le secours d'un spermatozoïde ? Il sembla qu'une réponse définitive était donnée à cette question quand Weismann annonça que les œufs parthénogénétiques n'ont excrété qu'un globule polaire ; ce sont donc des cytes de deuxième ordre et non des ovules et il suffit de supposer que la division réductrice qui fait les *plastides incapables,* est précisément la dernière, celle qui manque ici ; l'expulsion du deuxième globule polaire. Un autre fait qui semblait plaider en faveur de cette interprétation, fut découvert par *Brauer* chez *l'artemia salina*. Dans ce crustacé, le deuxième globule polaire se forme, arrive à se détacher presque complètement de l'ovule puis y rentre et se fond avec lui exactement comme l'eût fait un spermatozoïde. C'est donc bien l'excrétion de ce deuxième globule polaire qui rendait le plastide incapable, puisque l'ovule dans lequel ce globule est rentré après en être sorti est un œuf parthénogénétique. Malheureusement pour l'explication de Weissmann, on a décrit *beaucoup d'œufs parthénogénétiques chez lesquels le deuxième globule polaire se forme normalement et est expulsé.*

Certains êtres, comme les daphnies, donnent souvent des ovules femelles et des œufs parthénogénétiques; or, on peut reconnaître, longtemps avant l'expulsion des globules polaires, quels sont les éléments qui deviendront femelles. Hertwig en conclut que le sort ultérieur des éléments considérés est déterminé avant l'expulsion des globules et que, par conséquent, ce phénomène ne peut être considéré comme la *cause* de la parthénogénèse quoique ayant probablement avec elle une certaine connexité.

Geddes et Thomson ont distingué plusieurs degrés dans la parthénogénèse.

Parthénogénèse artificielle. — Sous ce titre ils ont réuni des cas qui ne sont pas de la parthénogénèse proprement dite, mais simplement des divisions mécaniques de l'ovule non fécondé, sans assimilation. Ce sont des ovules femelles et non des œufs parthénogénétiques qui, sous l'influence de certaines excitations, de certains poisons ou de certains agents physiques, sont mécaniquement divisés en éléments plus petits ; ce qui prouve bien que ces phénomènes n'ont pas la valeur d'un commencement de développement parthénogénétique, c'est qu'ils se produisent quand on met des ovules de grenouille dans une solution de sublimé corrosif, *avec des éléments morts,* par conséquent. Des faits analogues, (division sans assimilation) ont lieu quelquefois dans l'ovaire des mammifères ; Ianosik, qui a récemment étudié le fait chez le cobaye, y voit une simple fragmentation de l'ovule.

Parthénogénèse occasionnelle. — C'est une parthénogénèse véritable mais se produisant chez des individus d'une espèce qui n'est pas normalement parthénogénétique. Le papillon du ver à soie, par exemple, peut accidentellement donner des œufs parthénogénétiques.

Parthénogénèse partielle. — Elle se produit, par exemple, chez la reine d'abeilles. La reine ayant été couverte par le faux bourdon au moment du vol nuptial a une réserve de spermatozoïdes dans un réceptacle devant l'ouverture duquel passe l'ovule avant d'être pondu. Chose merveilleuse, ce réceptacle s'ouvre de manière à féconder les ovules que l'abeille pond dans les cellules destinées à élever des reines ou des ouvrières, mais reste fermé quand l'abeille pond dans les cellules destinées aux mâles, *de telle manière que c'est un ovule non fécondé* qui devient le faux-bourdon. Voilà une chose admirable ; elle a été mise hors de doute par les expériences suivantes :

Dzierzon coupa les ailes d'une reine avant le vol nuptial ; elle ne fût donc pas fécondée et ne pondit que des faux-bourdons.

Hensen fit féconder des reines d'abeilles d'une variété allemande par de faux-bourdons d'une autre variété italienne et obtint ainsi des femelles hybrides à caractères empruntés aux deux variétés parentes, *mais des faux-bourdons de variété allemande pure.*

Enfin, lorsque par hasard les ouvrières normalement stériles pondent des ovules, comme leur fécondation est mécaniquement impossible, ces ovules ne donnent jamais que des faux-bourdons.

Parthénogénèse saisonnière. — Pendant la belle saison, les puces d'eau se reproduisent *exclusivement par parthénogénèse* et les générations parthénogénétiques successives peuvent atteindre un nombre considérable ; pendant cette période, *il n'y a pas de mâles* (1). A l'automne, des mâles apparaissent et en même temps la parthénogénèse est remplacée par la reproduction sexuelle ordinaire qui donne des *œufs fécondés* plus résistants. Chez les pucerons c'est la même chose ; on a pu compter l'été, jusqu'à quatorze reproductions parthénogénétiques successives, mais quand l'automne ramène le froid, les mâles apparaissent et l'on a des *œufs fécondés* ou œufs d'hiver, qui éclosent au printemps suivant. En maintenant trois ou quatre ans la température d'une étuve à un certain niveau dans de

____

(1) Ni de femelles, comme nous le verrons plus tard.

bonnes conditions nutritives, on a pu avoir jusqu'à cinquante générations parthénogénétiques successives. Les pucerons parthénogénétiques diffèrent seulement des femelles vraies par l'absence d'organes génitaux accessoires.

Parthénogénèse juvénile. — C'est le cas de larves qui, avant d'avoir atteint l'état adulte, produisent parthénogénétiquement des rejetons. Dans des larves de puceron (*miastor*) les œufs parthénogénétiques se développent en larves dans le corps même de la mère larve qui meurt mangée par ses enfants ; la même chose se passe dans ceux-ci et ainsi de suite pendant plusieurs générations dont les individus sont de plus en plus petits ; enfin on arrive à de très petites larves qui ne donnent pas d'œufs parthénogénétiques mais se développent en adultes mâles et femelles chez lesquels se produit la reproduction sexuée proprement dite.

Parthénogénèse totale. — Chez des crustacés et des rotifères on n'a jamais trouvé de mâle. Il n'y en a peut-être pas, et alors ces espèces n'ont pas de reproduction sexuelle proprement dite. Du moins, si elles en ont, elle est très rare.

Nous étudierons dans le prochain chapitre le sort des produits de la parthénogénèse, mais en terminant cet exposé succinct des faits, il faut revenir sur le cas merveilleux de la parthénogénèse volontaire des abeilles. La reine pond des œufs fécondés dans des loges destinées à des ouvrières ou à des reines, mais elle n'ouvre pas son réceptacle séminal quand passe l'ovule qui doit tomber dans une cellule de faux bourdons. Il y a d'abord là un instinct admirable qui fait que l'abeille sait à l'avance le sexe du petit qu'elle destine à chaque loge ; elle choisit pour chaque loge un mode de ponte approprié à la commodité de développement que rencontrera dans cette loge le produit résultant de ce mode de ponte. Cet instinct ne doit pas nous arrêter ici, mais il y a là, au point de vue de la sexualité, une question importante.

Les ovules qui sont fécondés étaient-ils identiques, avant la fécondation, à ceux qui ne sont pas fécondés et qui donnent les faux bourdons ? Weismann croit à cette identité ; Geddes et Thomson sont d'un avis contraire. Cette dernière opinion ferait disparaître la difficulté à plusieurs points de vue ; d'abord au point de vue même de l'instinct merveilleux qui fait ouvrir le réceptacle séminal. Supposons en effet que, parmi les ovules, il y ait des ovules proprement dits, vraiment femelles, des *plastides incapables* en un mot, et d'autres qui soient des œufs parthénogénétiques. L'attraction chimiotactique des premiers pour les spermatozoïdes déterminerait l'ouverture du réservoir spermatique au moment de leur passage, et ils seraient ainsi fécondés ; au contraire, les derniers, dépourvus de ce pouvoir attractif, ne seraient pas fécondés, même si le réservoir était ouvert. Fort bien, mais il resterait toujours à expliquer comment il se fait que les ovules pondus soient précisément toujours de la deuxième catégorie quand la reine est au-dessus d'une cellule de mâle. Geddes et Thomson croient possible une certaine alternance régulière dans la production des ovules femelles et des œufs parthénogénétiques et cette alternance régulière, fixée dans l'instinct des abeilles, correspondrait naturellement à l'alternance des loges à femelles et des loges à mâles dans la ruche. Une autre objection se dresse évidemment contre cette dernière interprétation ; dans l'expérience de Dzierzon, la reine à ailes coupées n'a pondu que des mâles, donc tous les ovules étaient identiques. Geddes et Thomson répondent à cela que le vol nuptial, supprimé par l'ablation des ailes, est peut-être lui-même la condition de la différenciation des ovules en deux catégories ; cette hypothèse est si peu vraisemblable qu'elle tombe d'elle-même.

Il faut donc admettre que, dans le cas des abeilles, *tous* les ovules sont des plastides capables ou œufs parthénogénétiques, seulement, *ces plastides capables sont susceptibles de fécondation* et le sort du produit du développement de l'œuf est dans ce cas modifié ; non fécondé, il donne un mâle ; fécondé il donne une ouvrière ou une reine. La fécondation n'en est pas moins nécessaire à la conservation de l'espèce puisque la parthénogénèse, envisagée seule, ne donnerait que des mâles incapables de parthénogénèse, ce qui arrêterait la reproduction au bout d'une seule génération.

Ceci nous amène à *étendre* la notion du sexe. Outre le cas si répandu, de plastides *incapables* mâles et femelles se complétant mutuellement dans l'acte de la fécondation, il faut admettre, dans certains cas, l'existence d'un plastide *capable* susceptible, soit de se développer seul, soit d'être fécondé par un plastide incapable de même espèce et de se développer alors en un individu *différent* de celui qui aurait résulté du développement du plastide non fécondé.

Cette extension de la notion de sexe sera très importante pour nous quand nous essaierons d'établir une théorie de la sexualité.

CHAPITRE VII

LE SEXE DU PRODUIT DANS LA REPRODUCTION SEXUELLE
ET LA PARTHÉNOGÉNÈSE

L'observation quotidienne de l'homme et des animaux supérieurs nous apprend que les œufs résultant de la fécondation d'un ovule par un spermatozoïde donnent quelquefois des mâles, quelquefois des femelles. Nous ne savons pas encore si le sexe du produit doit être considéré comme déterminé par la nature de l'œuf fécondé lui-même ou par les conditions que cet œuf a traversées ultérieurement à la fécondation ; nous étudierons cela au chapitre : *Époque de la détermination du sexe*. Nous devons donc laisser de côté ici les cas si nombreux dans lesquels il y a doute sur le sexe futur du produit et nous attacher uniquement à l'étude de ceux dans lesquels ce sexe est notoirement déterminé par le mode de fécondation. (Cela laissera d'ailleurs intacte la question générale de l'époque de la détermination du sexe comme nous le verrons plus tard.

Bien des naturalistes se sont demandé si le sexe est héréditaire. Dans le cas d'un œuf fécondé, les deux parents ayant collaboré à sa formation, le sexe du produit est tantôt masculin, tantôt féminin et il est bien difficile de comprendre ce que veut dire dans ces cas l'expression : hérédité du sexe ; cependant, on a souvent remarqué que l'enfant ressemble à celui de ses parents qui a le sexe opposé au sien ; ce n'est pas un fait général, mais il est en contradiction avec l'hypothèse de *l'hérédité du sexe* (1).

Voyons ce qui se passe dans les cas de parthénogénèse ; et d'abord revenons au cas bien connu des abeilles :

La reine pond des œufs parthénogénétiques qui, fécondés,

---

(1) Nous verrons d'ailleurs que cette expression, *hérédité du sexe*, ne signifie rien.

donnent des ouvrières et des reines, mais qui donnent des mâles quand on les laisse développer sans fécondation. Donc, s'est-on écrié, le sexe n'est pas héréditaire ! Le fils tient exclusivement de la mère, puisque le faux bourdon ne collabore pas à sa formation ; au contraire, les reines et les ouvrières tiennent, de l'intervention de leur père, un sexe opposé au sien ! Mais d'abord, remarquons que chez les abeilles, il n'y a pas de femelles vraies. Il y a des mâles vrais et des pondeuses d'œufs parthénogénétiques. Nous commettons donc une erreur *volontaire* en appelant femelles les reines et les ouvrières. En suivant, dans la série des générations, le sort des éléments reproducteurs seuls, sans nous soucier du *soma*, nous voyons ceci : Partons de l'œuf fécondé O ; il donne, dans la première individualité, des plastides α déséquilibrés mais *capables* qui sont les œufs parthénogénétiques. A ce moment, de deux choses l'une. Ou bien un élément mâle *incapable* β vient s'ajouter au plastide *capable* α et redonne un plastide ($\alpha + \beta$) identique à O et, alors, le cycle est fermé ; le nouvel œuf sera le point de départ d'une série de bipartitions identiques à la première ; ou bien, le plastide capable α se développe seul et alors, indépendamment du soma qu'il produit, il donne naissance à des éléments incapables β. La série des bipartitions ininterrompues de O vers α puis de α vers β, se traduira donc par une sénescence dont les produits ultimes seront *tous* du même type mâle β. Cette sénescence progressive peut être arrêtée par une fécondation ($\alpha + \beta$) au milieu de sa course, mais ce qu'il y a de particulier dans le cas des abeilles c'est : 1° que, partant de l'œuf fécondé, la sénescence ne se complète qu'au bout *de deux générations*, par la production de plastides incapables ; 2° que cette sénescence ne conduit jamais qu'à des plastides incapables d'un seul type, le type mâle et jamais à des plastides incapables du type femelle. Il n'y a jamais de plastide incapable femelle chez les abeilles ; or, sans fécondation, l'espèce aurait disparu au bout de 2 générations, donc elle n'a été conservée que grâce à l'intervention de la fécondation *d'un plastide capable par un plastide incapable.*

Le cas des abeilles sera mieux compris lorsque l'on aura étudié celui de l'*Hydatina senta* qui est plus complet. L'*Hydatina senta* est un petit rotifère doué d'un dimorphisme sexuel très accentué. Partons, comme pour l'abeille, de l'œuf fécondé O. Il donne naissance à un individu qui, *dans tous les cas*, produit des œufs parthénogénétiques, des plastides capables z. Mais parmi ces plastides capables z, il y a deux catégories, tandis que chez l'abeille il y en avait une seule. Chez l'abeille, le plastide z, se développant parthénogénétiquement, donnait toujours naissance à un faux-bourdon. Chez l'Hydatina, le plastide z n'est jamais fécondé et se développe toujours parthénogénétiquement, mais, dans certains cas il donne un *mâle vrai*, dans d'autres il donne une *femelle vraie*, quelles que soient les conditions de milieu. Il y a donc deux type d'œufs parthénogénétiques, z_m et z_f dont l'un, plus petit, donne naissance à un mâle vrai, l'autre, plus gros, à une femelle vraie. Chose remarquable, les deux types z_m et z_f ne se rencontrent jamais chez le même individu ; il y a des individus pondeurs de plastides z_m exclusivement et des individus pondeurs de plastides z_f exclusivement. L'individu provenant de l'œuf fécondé O peut donc appartenir à deux catégories, celle des pondeurs de mâles, P_m, ou celle des pondeurs de femelles, P_f, absolument comme l'individu provenant de l'œuf fécondé de l'homme peut appartenir à deux catégories, celle des mâles et celle des femelles. Seulement, pour que la comparaison soit valable, il faut considérer, non pas P_m lui-même, mais P_m et tous les individus M qui, au nombre de n, proviennent de ses plastides z_m. C'est la somme $(P_m + n\mathrm{M})$ qui sera comparable au mâle de l'homme. De même, du côté femelle, on comparera à la femme, non pas P_f, mais la somme $(P_f + n'\mathrm{F})$ de P_f et de tous les individus F qui, au nombre de n', proviennent de ses plastides z_f. Autrement dit, l'œuf O donne naissance à un mâle morcelé $(P_m + n\mathrm{M})$ ou à une femelle morcelée $(P_f + n'\mathrm{F})$, mais dans tous les cas, *tous* les plastides-incapables produits ultimes de la sénescence des plastides successifs dérivant d'un œuf donné O seront du même type ; ce seront *tous* des spermatozoïdes ou *tous* des ovules femelles. Et, en y réfléchissant bien, nous voyons que ce cas de l'hydatina senta ne nous apprend rien de plus que celui de l'homme. Nous avons seulement l'avantage de voir ici, exactement au milieu de sa carrière sénescente, entre O et le plastide incapable produit ultime de la sénescence, l'élément α ; et nous apprenons que, dans le cas de l'hydatina, cet élément α est déjà déterminé dans le sens mâle ou femelle, puisque *tous* les plastides α provenant du même œuf O sont du même type z_m ou z_f. La détermination du sexe, sur laquelle nous reviendrons au prochain chapitre, a donc lieu ici, soit au moment de la formation de O soit entre O et α c'est-à-dire, au cours du développement des premières individualités somatiques. Je fais remarquer en même temps qu'un dimorphisme *sexuel* est déjà constatable entre les deux somas parthénogénétiques P' et P'_{ia}.

Les choses ne sont pas toujours aussi nettement déterminées à l'avance, ou, tout au moins, n'ont pas été suivies jusqu'à présent avec autant de précision. Voici, par exemple, des puces d'eau de l'espèce *Daphnia psittacea*. L'œuf fécondé donne un individu parthénogénétique P_0 qui pond des plastides capables z_0; chaque plastide α_0 donne naissance à un individu parthénogénétique P_1 qui donne des plastides capables z_1 et ainsi de suite, pendant fort longtemps, tant que les conditions alimentaires sont favorables. (Nous avons vu plus haut que, chez d'autres animaux, les pucerons, on a réussi, dans une température constante, à faire durer quatre ans ce mode de reproduction et à obtenir jusqu'à cinquante générations parthénogénétiques continues). De Kerhervé a obtenu la même chose chez les daphnies en leur fournissant une nourriture abondante. Mais quand les conditions deviennent défavorables, la production de plastides capables z cesse presque complètement et, au lieu d'individus parthénogénétiques P_r, on a des individus mâles M donnant des spermatozoïdes et des individus femelles F (femelles éphippiales) donnant des ovules femelles appelés *œufs durables*.

Comme on a l'habitude dangereuse de considérer les individus parthénogénétiques P_0, P_1... P_r comme des *femelles*, on conclut des expériences de Réaumur, de Kerhervé, etc... que les mauvaises conditions de température et d'alimentation déterminent l'apparition des mâles, tandis qu'elles déterminent seulement l'apparition de la sexualité, l'apparition d'individus sexués au lieu d'individus parthénogénétiques.

Supposons, pour fixer les idées qu'il y a n plastides α pondus par chaque individu P de daphnia psittacea. Au bout de r générations parthénogénétiques, le même œuf initial O aura donné un nombre énorme d'individus P, savoir : $(P_0 + n\,P_1 + n^2\,P_2 + ... + n^r\,P_r)$. Si c'est à ce moment que les conditions mauvaises font apparaître la sexualité, chacun des n^r individus P_r donnera naissance à des mâles M ou à des femelles F. Et somme toute, l'œuf O aura donné naissance à un immense hermaphrodite morcelé composé de la somme

($P_0 + \ldots + n' P_r$) augmentée encore de tous les M et F qui proviennent des plastides capables z_r. C'est dans les individus sexués de la $(r + 1)^{\text{eme}}$ génération qu'apparaîtront les produits de la sénescence, spermatozoïdes et ovules femelles.

Si nous ne tenons pas compte de ce fait que le soma est *morcelé* dans l'immense hermaphrodite considéré, nous voyons que le cas de daphnies ne nous apprend, somme toute, rien de plus que le développement de la sangsue ou du ver de terre ; dans les deux cas un œuf donne naissance à un être hermaphrodite dont certains éléments au bout d'un assez grand nombre de bipartitions successives deviennent des plastides incapables, spermatozoïdes et ovules femelles. Seulement nous voyons à l'état isolé, les plastides déséquilibrés $z_0, z_1 \ldots z_r$ qui sont les diverses étapes sur la route de la sénescence. Aucune observation faite jusqu'à ce jour ne nous permet de savoir à quel moment se fait la détermination, dans cette sénescence, de l'évolution vers le type mâle ou femelle. Nous ne savons même pas si chacun des derniers individus parthénogénétiques P_r est capable de donner naissance à des mâles seulement, à des femelles seulement ou à des mâles et des femelles à la fois.

Les trois cas que nous venons d'étudier, abeille, hydatina et daphnia, suffisent à nous donner une idée de tous les phénomènes que l'on connaît au point de vue de l'alternance des générations sexuelles et parthénogénétiques. Tous les autres cas connus se rapprochent plus ou moins des précédents et leur sont ordinairement intermédiaires.

CHAPITRE VIII

ÉPOQUE DE LA DÉTERMINATION DU SEXE

Dès le début de ce chapitre, je commence par mettre, une fois de plus, le lecteur en garde contre la manière dont les auteurs traitent généralement cette intéressante question. Il y a toujours une regrettable confusion entre les individus parthénogénétiques et les femelles ; l'on considère le plus souvent comme faisant apparaître des mâles les facteurs qui déterminent seulement l'apparition de la sexualité. Cette confusion est peut-être l'une des causes qui ont le plus retardé la compréhension des phénomènes sexuels.

C'est ainsi, par exemple, que l'on s'est extasié devant ce cas merveilleux de l'œuf femelle (?) de l'abeille (1) femelle (?) qui, non fécondé, donne un mâle, c'est-à-dire un individu de sexe différent !

Dans la recherche de l'époque de la détermination du sexe, nous n'aurons pas à tenir compte des productions parthénogénétiques, ou, du moins, nous n'aurons à les envisager que comme *morcelant* l'organisme qui provient de l'œuf fécondé : il est vrai que ce morcellement aura un certain intérêt quand il nous permettra de trouver, dans la série successive des plastides capables α, le moment où le sexe devient définitivement déterminé.

Partons donc toujours de *l'œuf fécondé*. Quelqu'idée que nous nous fassions du sexe, nous sommes obligés de constater, dès le début, que les deux sexes existent dans l'œuf fécondé par suite de sa formation même. Que l'un des sexes y prédomine dans certains cas au point de déterminer *fatalement* dans le sens mâle ou femelle l'évolution de l'individu qui

---

(1) Nous avons vu plus haut qu'il n'y a pas d'abeille femelle.

sortira de l'œuf, cela peut être (1), mais, question de quantité à part, les deux sexes y existent ; s'il n'était pas abusif d'appliquer aux plastides le langage que l'on a créé pour les êtres polyplastidaires, je dirais que l'œuf fécondé est, par nature, hermaphrodite.

Dans un grand nombre d'espèces animales, l'individu qui provient de l'œuf est hermaprodite, c'est-à-dire qu'il se développe dans son intérieur deux séries parallèles de plastides déséquilibrés, séries dont les termes ultimes seront d'une part des ovules femelles, d'autre part des spermatozoïdes. Ces deux séries pourront se terminer en même temps ; et alors on dira que les éléments génitaux des deux sexes sont mûrs en même temps ; le plus souvent, une de ces séries se terminera avant l'autre (dichogamie) et ce sera généralement la série femelle qui s'achèvera la première (hermaphrodisme protogynique).

Dans d'autres espèces, on constatera aussi une tendance à l'hermaphrodisme, mais l'une des séries parallèles disparaîtra de bonne heure, souvent même pendant la vie embryonnaire, l'autre arrivant seule à maturité dans l'organisme adulte. Nous avons vu qu'il y a toutes sortes de degrés dans l'hermaphrodisme et il est bien vraisemblable que les organismes unisexués ne sont que les types extrêmes de la série graduée des divers hermaphrodismes. Certains auteurs ont prétendu que l'hermaphrodisme embryonnaire est la règle et cela est bien admissible, mais n'anticipons pas sur cette hypothèse qui sera étudiée plus loin.

La question qui se pose dans ce chapitre est la suivante : L'œuf fécondé, dans les espèces unisexuées, donne, tantôt un mâle, tantôt une femelle. À partir de quel moment le sexe de l'individu est-il définitivement, fatalement déterminé, et quels sont les facteurs qui interviennent dans cette détermination ? Nous avons, pour répondre à cette question, des faits et des théories. Commençons par l'étude des faits ; nous aborderons ensuite les théories de la détermination du sexe pour arriver enfin à établir la théorie même du sexe.

---

(1) Cette hypothèse est en contradiction avec la théorie du sexe à laquelle nous serons conduits tout à l'heure, mais comme beaucoup d'auteurs l'ont admise, nous nous en servirons momentanément dans l'exposé des faits, mais *uniquement* comme procédé d'exposition.

Expériences sur les têtards. — Les batraciens sont tout indiqués pour cette étude à cause du grand nombre de cas d'hermaphrodisme partiel que l'on rencontre dans ce groupe chez les individus adultes. Les expériences de Yung sont extrêmement intéressantes :

Il a opéré sur des têtards de grenouille provenant d'œufs fécondés artificiellement et constituant trois lots distincts : Dans l'espèce *Rana esculenta* qu'il a étudiée, le nombre moyen des femelles était, dit-il, d'environ 57 p. 100 individus. Au lieu de donner à ses trois lots de jeunes animaux la nourriture végétale qui leur est ordinaire, il nourrit le premier lot avec de la viande de bœuf et obtint 78 p. 100 de femelles ; il nourrit le second lot avec du poisson et obtint 81 p. 100 de femelles ; il nourrit le troisième lot avec de la viande de grenouille et obtint 92 p. 100 de femelles, c'est-à-dire 92 femelles pour 8 mâles.

Ce résultat est extrêmement remarquable et prouve une influence indéniable de la nourriture sur la détermination des sexes. Avec une nourriture végétale, on aurait eu 43 mâles ; avec de la viande de grenouille, on en a seulement 8 ; c'est donc que 35 individus, destinés dans les conditions normales de nutrition à devenir des mâles, sont devenus des femelles sous l'influence d'une nourriture choisie.

Il est évident que ces 35 individus étaient hermaphrodites, ou, tout au moins, n'étaient pas déterminés fatalement dans le sens de tel ou tel sexe. Mais il reste 8 mâles irréductibles dans les conditions de l'expérience et à leur sujet, l'hypothèse a libre carrière ; étaient-ils *déterminés mâles* dans l'œuf d'où ils proviennent ? ou bien les conditions de milieu étaient-elles telles que la production de 92 p. 100 de femelles modifiait le milieu au point de nécessiter la production collatérale de quelques mâles ?

Certains auteurs (et je m'accuse d'avoir moi-même commis cette erreur) *ont parlé de la* QUANTITÉ DE SEXE *de l'œuf ; nous verrons plus loin que, dans notre théorie du sexe, cela ne signifie rien, mais, il sera commode d'avoir recours à cette expression,* SOUS TOUTES RÉSERVES, *pour raconter les résultats des expériences et les théories diverses.* Nous verrons par là même combien il est dangereux d'employer des expressions qui semblent définies et dont on ne connaît pas le sens. Dans l'expérience sur les têtards, les 8 mâles irréductibles proviendraient de 8 œufs à type mâle, d'œufs hermaphrodites dans lesquels le sexe mâle prédominait!

Expériences sur les papillons. — Chez les papillons cependant, l'influence du milieu paraît plus absolue. D'après Mme Tréat : « Si des chenilles sont enfermées et mises à la diète avant de devenir chrysalides, les papillons ou phalènes qui en résultent sont mâles, tandis que ceux des chenilles de la même ponte fortement nourries sont des femelles ». Cette observation est intéressante en ce sens qu'elle montre l'hermaphrodisme persistant dans les espèces étudiées, jusqu'à un âge aussi avancé que celui des chenilles déjà grandes.

Expériences sur les plantes. — Beaucoup d'expériences ont été faites sur les plantes à sexes séparés ; on a recherché l'influence des conditions de température et de nutrition sur des lots de graines qui, dans des conditions normales, donnaient des proportions à peu près égales de mâles et de femelles. Les résultats de ces expériences sont assez peu nets et il s'y présente une cause d'erreur due à ce que dans la plupart des cas, on n'a pas fait la numération préalable des graines semées ; on ne sait donc pas si les conditions réalisées artificiellement ont favorisé la germination des graines qui devaient donner des plantes d'un sexe déterminé et ont ainsi majoré la proportion des individus de ce sexe sans avoir eu besoin d'influer directement sur l'évolution de la plante dans le sens de tel ou tel sexe. En général, on a cru remarquer que les conditions favorables de nutrition, d'humidité et de température déterminaient l'apparition du sexe féminin. Molliard a cependant trouvé un résultat contraire chez le chanvre, quant à l'influence de la nutrition. Des pieds rabougris par des conditions fâcheuses ont manifesté une évolution dans le sens femelle, par la transformation des étamines en carpelles (1) ; les fleurs mâles prenaient ainsi une forme hermaphrodite, et l'auteur a constaté dans ses cultures tous les degrés d'hermaphrodisme entre le type mâle pur et le type femelle pur.

Observations sur les mammifères et l'homme. — Ici, les conditions ne sont pas favorables à l'expérience. Le premier âge

---

(1) MOLLIARD. Sur la détermination du sexe chez le chanvre. *C. R. Acad. Sc.* 15 nov. 1897.

CHAPITRE IX

Avec tous les documents que nous avons accumulés dans les précédents chapitres, sommes-nous en mesure de construire une théorie du sexe ? Commençons par faire une révision rapide des faits acquis.

I. — L'*assimilation* est le phénomène caractéristique de la vie élémentaire des plastides ; elle s'accompagne de *multiplication* à cause de la dimension limitée des plastides dans les conditions mécaniques concomitantes à l'assimilation.

II. — Chez certains plastides, l'assimilation est *rigoureuse* et la multiplication se fait par divisions *homogènes*, de sorte qu'au bout d'un nombre quelconque de bipartitions, *dans des conditions constantes de milieu*, tous les plastides obtenus sont identiques au plastide initial.

Ces plastides sont dits *équilibrés*. Exemple : la bactéridie charbonneuse. Seules, les conditions de milieu en devenant défavorables, peuvent arrêter la multiplication de plastides *équilibrés*. Dans un milieu toujours favorable, leur multiplication se prolongerait indéfiniment. Pour sacrifier au langage courant quelque impropre qu'il soit, on peut dire que les plastides équilibrés ont une *immortalité potentielle*.

Des alternatives favorables et défavorables dans les conditions de milieu déterminent des variations quantitatives dans la proportion des substances plastiques du plastide et créent ainsi des *variétés* de ces plastides, qui sont *équilibrées* comme le plastide initial lui-même.

L'espèce est définie par la nature qualitative des substances plastiques du plastide : la variété, par leurs proportions quantitatives.

DE LA PAGE 63
À LA PAGE 66

CHAPITRE IX

Avec tous les documents que nous avons accumulés dans les précédents chapitres, sommes-nous en mesure de construire une théorie du sexe ? Commençons par faire une révision rapide des faits acquis.

I. — *L'assimilation* est le phénomène caractéristique de la vie élémentaire des plastides ; elle s'accompagne de *multiplication* à cause de la dimension limitée des plastides dans les conditions mécaniques concomitantes à l'assimilation.

II. — Chez certains plastides, l'assimilation est *rigoureuse* et la multiplication se fait par divisions *homogènes*, de sorte qu'au bout d'un nombre quelconque de bipartitions, *dans des conditions constantes de milieu*, tous les plastides obtenus sont identiques au plastide initial.

Ces plastides sont dits *équilibrés*. Exemple : la bactéridie charbonneuse. Seules, les conditions de milieu en devenant défavorables, peuvent arrêter la multiplication de plastides *équilibrés*. Dans un milieu toujours favorable, leur multiplication se prolongerait indéfiniment. Pour sacrifier au langage courant quelque impropre qu'il soit, on peut dire que les plastides équilibrés ont une *immortalité potentielle*.

Des alternatives favorables et défavorables dans les conditions de milieu déterminent des variations quantitatives dans la proportion des substances plastiques du plastide et créent ainsi des *variétés* de ces plastides, qui sont *équilibrées* comme le plastide initial lui-même.

L'espèce est définie par la nature qualitative des substances plastiques du plastide : la variété, par leurs proportions quantitatives.

III. — Chez d'autres plastides dits *déséquilibrés*, l'assimilation n'est pas rigoureuse ou, tout au moins, ne l'est pas toujours ; les divisions ne sont pas homogènes ou, tout au moins, ne le sont pas toujours. Il arrive fatalement, au bout d'un nombre assez grand de bipartitions que, *quelques-uns au moins* des produits de la dernière génération sont *incapables d'assimilation* et par suite condamnés à la mort élémentaire *quel que soit le milieu*, à moins que n'intervienne une *fécondation*. Ces éléments incapables d'assimilation portent donc en *eux-mêmes* leur condamnation à la mort élémentaire, tandis que les plastides équilibrés ne pouvaient être tués que par le milieu. Ces éléments incapables ne sont pas des plastides, puisque, par définition, le plastide est un corps susceptible d'assimilation dans un milieu approprié. Nous les appelons *plastides incapables.*

Un plastide *déséquilibré* porte donc en lui-même la condamnation à la mort élémentaire de quelques-uns au moins des produits ultimes de ses bipartitions successives ; on peut retarder cette échéance fatale dans un milieu favorable, mais on ne peut que la retarder et elle se produit enfin.

Les infusoires ciliés étudiés par Maupas, sont des plastides déséquilibrés ; dans ces espèces, *tous* les produits des dernières bipartitions deviennent à la fois *plastides incapables*. Chez *Stylonichia pustulata* par exemple, cela est arrivé, dans une observation suivie, au bout de 315 bipartitions.

IV. — Mais il y a certaines espèces de plastides chez lesquels il en est autrement ; *quelques-uns* seulement de leurs descendants deviennent *plastides incapables* au bout d'un certain nombre de bipartitions ; les autres sont des *plastides équilibrés* donés par conséquent d'immortalité potentielle *dans certaines conditions*. C'est donc qu'un plastide peut se diviser à un moment donné en deux plastides différents, l'un *a*, équilibré, l'autre, *b*, déséquilibré. *a* étant équilibré, l'avenir de ses descendants est assuré, dans certaines conditions de milieu, comme nous le verrons plus tard. Il y a forcément quelque chose d'obscur dans l'emploi de ces expressions *équilibré, déséquilibré*, dont la signification ne sera donnée que tout à l'heure.

L'œuf fécondé des êtres supérieurs est dans le cas des plastides que nous venons d'étudier. Les plastides qui proviennent de ses bipartitions restent agglomérés les uns avec les autres, de manière à produire un individu polyplastidaire doué de *vie*. Les éléments de cet individu sont, en effet, de deux catégories : les uns, *équilibrés*, constituent le *soma* ou *corps* ; les autres, déséquilibrés, constituent le tissu génital ; les éléments ultimes de leurs bipartitions successives sont dits *éléments sexuels*. Le *soma* est condamné à *mort* pour des raisons de milieu et d'accumulation fatale de substances squelettiques. Tous les éléments somatiques se trouvent condamnés à la mort élémentaire par la mort du soma qui arrête le tourbillon nutritif, c'est-à-dire pour des raisons de milieu et non pour des raisons intimes; ces éléments sont donc, en réalité, doués d'immortalité potentielle; ce sont encore des plastides au moment où le milieu défavorable les détruit ; cette immortalité potentielle devient effective dans le cas où le bouturage est possible comme cela a lieu pour la pomme de terre. Au contraire, les éléments sexuels sont, chacun en soi, incapables d'assimilation. Ce serait donc, *contrairement à ce que l'on dit partout*, les éléments somatiques qui seraient immortels et les éléments génitaux qui seraient mortels, mais c'est là une manière de parler fautive et impropre.

V. — Dans certaines conditions, un élément d'un individu polyplastidaire peut, séparé du reste de l'individu, donner naissance dans un milieu convenable à une série de bipartitions qui reproduit un individu polyplastidaire de même espèce. On dit alors qu'il y a *génération agame*. Chez les moins élevés des êtres polyplastidaires, ces éléments reproducteurs peuvent provenir un peu de toutes les parties de l'individu ; leur spécialisation devient de plus en plus précise à mesure qu'on s'élève dans l'échelle des êtres; on les appelle alors *éléments parthénogénétiques* ; leur production est localisée dans des organes spéciaux. Ces éléments ne se produisent pas chez les mammifères et l'homme. L'intérêt de ces éléments se conçoit aisément ; ils soustraient à la mort élémentaire, fatale dans un individu vieilli et mortel, quelques-uns de ses plastides constitutifs. Dans certaines espèces (pucerons, daphnies, etc...), des conditions favorables de milieu semblent permettre une prolongation indéfinie du processus parthénogénétique, mais des conditions défavorables l'arrêtent brusquement et font apparaître le processus sexuel seul possible chez les mammifères par exemple.

VI. — Les animaux supérieurs, comme les mammifères, étant dépourvus de reproduction parthénogénétique semblent condamnés à disparaître puisque, d'une part, leurs éléments somatiques sont condamnés à la mort élémentaire par la mort fatale du soma et que, d'autre part, leurs éléments sexuels sont des plastides incapables ; ce sont cependant ces derniers éléments qui sauvent l'espèce et assurent sa reproduction grâce aux propriétés suivantes : (α) Il y a deux types d'éléments sexuels que l'on appelle type mâle ou spermatozoïde *m* et type femelle ou ovule *f*. (β) Ces deux types d'éléments incapables sont normalement expulsés par le soma et mis en liberté dans le milieu extérieur. (γ) L'ovule *f* d'une espèce a la propriété d'attirer chimiotactiquement le spermatozoïde *m* de la même espèce. (δ) Ces deux éléments sont complémentaires et leur union (*fécondation*) constitue un plastide capable O, œuf fécondé, qui est le point de départ d'un nouvel individu.

VII. — L'ovule *f* est le résultat d'une série de divisions morphologiquement analogue, souvent identique, à celle d'où résulte l'élément parthénogénétique quand il existe dans l'espèce considérée. Il serait donc illusoire de vouloir chercher dans ces phénomènes morphologiques la raison de l'incapacité de l'ovule.

VIII. — Les éléments *m* et *f* se produisent quelquefois dans un même soma ; on dit alors que l'individu est *hermaphrodite*.

Quand les éléments *m* et *f* se produisent en même temps, c'est-à-dire que les deux séries sénescentes parallèles arrivent en même temps à leur terme ultime, l'auto-fécondation est possible ; le plus souvent, cela n'a pas lieu ; il n'y a pas synchronisme dans la maturité des deux sexes, alors la fécondation est nécessairement croisée entre deux individus (dichogamie).

IX. — L'exagération du processus précédent nous mène au cas où les sexes sont séparés ; il y a des individus M qui donnent naissance aux éléments *m* et des individus F qui donnent naissance aux éléments *f*. L'individu M est dit mâle ; l'individu F est dit femelle.

Le plus souvent le soma de M est différent du soma de F ; il y a dimorphisme sexuel. Dans chaque espèce de mammifères il y a ainsi deux formes spécifiques distinctes, faciles à reconnaître, et c'est ce qui constitue le *sexe somatique* dû aux *caractères sexuels secondaires*.

L'étude des phénomènes de castration et particulièrement de castration parasitaire conduit à cette notion que le dimorphisme sexuel est sous la dépendance *unique* du sexe des éléments génitaux ; on ne doit admettre aucune différence entre les éléments *somatiques* du mâle et de la femelle d'une même espèce ; seul leur arrangement diffère sous l'influence du rôle joué par les éléments génitaux dans la coordination générale. Autrement dit, les *éléments somatiques n'ont pas de sexe*.

X. — Quelle que soit l'opinion que l'on se fasse de la nature du sexe (j'entends du sexe des éléments génitaux, puisque le dimorphisme des somas n'en est qu'une conséquence) on sera obligé d'admettre que l'œuf fécondé, résultat de la fusion d'un ovule ♀ et d'un spermatozoïde ♂ *contient les deux sexes*. Il est donc tout naturel que l'individu qui en provient soit dans le même cas et par conséquent, l'hermaphrodisme semble être le cas normal. Aussi doit-on accueillir avec intérêt l'hypothèse, vérifiée dans beaucoup de cas par l'observation histologique, que tous les animaux unisexués passent par une phase hermaphrodite embryonnaire. Il est naturel de concevoir qu'il y ait dans l'individu jeune deux plastides (ou groupes de plastides) déséquilibrés ♂ et ♀ dont l'un sera le point de départ du tissu génital mâle, l'autre le point de départ du tissu génital femelle. Chez les espèces vraiment hermaphrodites, ces deux tissus évoluent normalement et arrivent à maturité soit ensemble, soit séparément. Dans les espèces unisexuées, l'un de ces tissus s'atrophie de bonne heure ; pourquoi ? Comment se fait-il alors que, jamais, chez l'homme par exemple, il ne se présente accidentellement un cas d'hermaphrodisme vrai ?

Pour répondre à cette question, remarquons que les tissus génitaux jouent à un certain point de vue, le rôle de véritables parasites du soma ; ils produisent en effet des plastides qui sont en dehors du soma et expulsés ; ils interviennent, comme les parasites, par leurs sécrétions, dans la corrélation somatique générale et c'est même ainsi qu'ils créent le dimorphisme sexuel ; mais, de même que les parasites, ils sont en dehors de la coordination et leur ablation ne trouble pas cette coordination. Comparons-les donc à des parasites. Or : 1° nous connaissons des parasites qui, introduits dans le milieu intérieur d'un individu hermaphrodite, déterminent *indirectement*, l'atrophie de l'*un* des tissus génitaux (*amphiura squamata*); 2° nous connaissons des parasites qui, introduits chez des individus unisexués déterminent *indirectement* la castration de cet individu et lui donnant en même temps les caractères sexuels secondaires du sexe opposé à celui qu'il avait, c'est-à-dire qu'ils se conduisent, au point de vue de la corrélation générale, *exactement* de la même manière qu'une glande génitale de sexe opposé. Mais, puisque la castration a été *indirecte*, n'est-il pas vraisemblable qu'elle résulte précisément *des mêmes facteurs* que la modification somatique corrélative ? Alors nous sommes conduits à cette hypothèse que *chez les espèces normalement unisexuées*, il y a antagonisme entre ces deux parasites spéciaux que l'on appelle le tissu mâle et le tissu femelle et que s'ils coexistent à un moment donné, *le plus fort l'emporte* sur l'autre et détermine son atrophie. Chez les êtres unisexués, une glande génitale mâle est *parasite gonotome* pour la glande génitale femelle et réciproquement. Cela explique l'impossibilité d'un hermaphrodite vrai chez l'homme adulte.

Mais quelquefois, la castration parasitaire n'est pas complète; elle arrête momentanément le développement génital qui reprend si l'on enlève le parasite; c'est ce qui explique l'hermaphodisme successif de la muxyne par exemple. Chez la muxyne libre, mâle, le testicule développé s'oppose au développement de l'ovaire; puis, les conditions, changeant par le changement de vie de la muxyne qui devient parasite, deviennent défavorables au testicule qui s'atrophie; et alors l'ovaire, soustrait à l'influence de ce parasite gonotome se développe à son tour; la muxyne parasite devient femelle. Chez les espèces normalement hermaphrodites, l'antagonisme entre tissu mâle et tissu femelle n'existe pas, mais on connaît aussi beaucoup de parasites qui ne sont pas gonotomes; la comparaison subsiste donc en entier.

La même comparaison va nous expliquer immédiatement les phénomènes de détermination du sexe sous l'influence de la nourriture et des conditions qui entourent l'embryon. Je considère l'embryon hermaphrodite et les deux parasites antagonistes ♂ et ♀ qui coexistent à son intérieur. Lequel l'emportera ? Répondez avec Darwin : « Ce sera le plus apte, c'est-à-dire celui pour lequel les conditions, réalisées dans le milieu intérieur de l'individu où il lutte, seront le plus favorables ». Les expériences de détermination du sexe sous l'influence des conditions de milieu (1) reviennent donc à ceci que, une nourriture abondante et une température douce sont plus favorables aux éléments ♀ qu'aux éléments ♂.

XI. — L'étude de l'hérédité dans la génération sexuelle et l'hybridité va compléter nos documents sur le sexe.

Et d'abord, tout nous prouve que le mâle et la femelle transmettent leurs caractères au produit de leur union. Il faut donc admettre que, au point de vue du pouvoir héréditaire, il y a équivalence entre le spermatozoïde et l'ovule. Mais, avec l'idée que nous nous sommes faite de la nature des caractères d'un individu, le mot pouvoir héréditaire ne peut plus avoir pour nous de signification mystérieuse. Les caractères de l'individu dépendent de la composition chimique de ses plastides; le développement embryogénique de l'individu et l'apparition successive de ses divers *caractères* tant morphologiques que physiologiques, sont précisément la manifestation des propriétés chimiques de l'œuf qui est son point de départ et par conséquent de tous ses plastides constitutifs, dérivés de l'œuf par bipartitions successives.

Dire que les caractères des parents sont transmis au produit de leur union, cela veut dire que les propriétés chimiques des plastides des parents se retrouvent dans l'œuf fils et par conséquent aussi, le substratum de ces propriétés, c'est-à-dire les substances chimiques elles-mêmes qui existaient dans les plastides des parents. Le *pouvoir héréditaire* du spermatozoïde, c'est sa composition chimique. Il faut donc admettre que les éléments sexuels, plastides incapables, contiennent, dans les deux sexes, *toutes* les substances plastiques des parents.

Mais alors, pourquoi y a-t-il deux sexes dans la plupart des espèces de plastides? pourquoi les éléments sexuels sont-ils incapables ?

Nous sommes amenés très logiquement par les considérations précédentes à nous dire que, puisqu'il y a deux types complémentaires de plastides dans chaque espèce plastidaire, et que

---

(1) Cela n'empêche pas d'ailleurs que certains caractères de l'œuf neutre puissent entraîner la formation d'un *soma* dans lequel, quel que soit le milieu extérieur, les conditions seront toujours plus favorables aux éléments ♀ qu'aux éléments ♂ (sexe déterminé dans l'œuf).

ces deux types complémentaires sont certainement composés des *mêmes* substances plastiques, il y a pour chaque espèce chimique de substances plastiques, deux types complémentaires; ce qui a l'air d'un paradoxe absurde, puisque les molécules de ces deux types de substances devraient être à la fois identiques et différentes.

Il faut que ces substances, identiques à presque tous les points de vue, diffèrent, au moins d'une manière, par un caractère qui les rende complémentaires l'une de l'autre. J'ai été amené par les réflexions précédentes à songer aux phénomènes de dissymétrie moléculaire découverts par Pasteur et à y voir l'explication de l'origine du sexe et de la sexualité (1). La dissymétrie moléculaire est très répandue dans les substances d'origine organique; quoi de plus naturel que d'admettre que chaque espèce de substance plastique a deux types dissymétriques, l'un droit, l'autre gauche, et par conséquent un troisième type neutre résultant de l'accolement des deux premiers, molécule à molécule?

Le type droit et le type gauche, identiques quant à leurs propriétés chimiques par rapport aux substances dépourvues de dissymétrie, sont différents quant à certaines propriétés physiques et aussi quant à leurs propriétés chimiques par rapport à d'autres substances dissymétriques.

Le type droit et le type gauche ont quelque chose de *déséquilibré*, de non pondéré; ils ne trouvent leur équilibre véritable qu'en *s'appuyant* l'un sur l'autre, en se complétant l'un l'autre dans le type neutre ou *équilibré*. Ne vous souvenez-vous pas que Pasteur défiait les chimistes de produire, de toutes pièces, dans leurs laboratoires, une substance dissymétrique du type droit sans produire, fatalement, par la même réaction la substance complémentaire du type gauche? L'immortel cristallographe accordait à la nature *vivante* seule, le pouvoir de réaliser cette synthèse séparée des deux substances inverses. Il faut donc que ces substances manquent réellement d'équilibre quand elles sont séparées l'une de l'autre, et c'est

---

(1) Mais ce n'est là qu'un *exemple* prouvant la possibilité de concevoir l'existence de substances chimiquement identiques et néanmoins différentes à un certain point de vue. Tout ce qui suivra est uniquement basé sur l'existence de deux types complémentaires d'une même substance chimique et non sur la nature dissymétrique de ces types complémentaires. Je ne vois pas d'autre *exemple* analogue, mais il y en a peut-être.

pour cela que j'ai employé la qualification de *déséquilibré*, de préférence à toute autre, dès le début de ce travail. Chaque substance plastique a donc deux types déséquilibrés ou types sexués et un type équilibré, neutre ou asexué (1).

Un plastide est équilibré, neutre ou asexué quand il contient uniquement des substances plastiques équilibrées, neutres ou asexuées. Un plastide est déséquilibré ou sexué quand il contient au moins une molécule de substance déséquilibrée du type droit sans contenir le *même* nombre de molécules du type gauche de la *même* substance.

Ce plastide est mâle quand il contient des substances déséquilibrées, uniquement du type mâle (est-ce le droit ou le gauche, je l'ignore; supposons que c'est le droit pour fixer le langage). Ce plastide est femelle quand il contient des substances plastiques déséquilibrées appartenant uniquement au type femelle ou gauche.

Nous serons tout à l'heure amenés à considérer que les éléments sexuels ne contiennent *absolument* que des substances déséquilibrées du même type. Pourquoi des plastides formés uniquement de substances droites sont-ils incapables? Mystère! En tous cas, ce sont des plastides *incapables ;* c'est un fait; et dans la théorie de la sexualité dissymétrique on est amené à mettre ce fait en parallèle avec l'absence, dans ces plastides, de toute une catégorie de substances déséquilibrées, celles du sexe opposé à celui du plastide incapable considéré.

____

(1) REMARQUE TRÈS IMPORTANTE. Que les substances plastiques mâle et femelle diffèrent par une dissymétrie inverse, il ne s'ensuit pas pour cela qu'elles soient *énantiomorphes* et que leur juxtaposition, molécule à molécule donne une substance symétrique ; il n'y a pas qu'un seul carbone dissymétrique dans une molécule aussi complexe; il suffit pour notre hypothèse, que la molécule mâle et la molécule femelle diffèrent par *un seul* carbone de dissymétrie inverse et soient par là même complémentaires ; c'est la présence de ce carbone dissymétrique spécial ou carbone sexuel qui entraine le déséquilibre dans les éléments déséquilibrés. L'élément neutre ou équilibré par fusion de deux éléments déséquilibrés inverses peut avoir un noyau dissymétrique *commun au mâle et à la femelle*, et rester dissymétrique après la fusion. Ce noyau aurait une dissymétrie gauche puisque les albumines sont gauches. Cette prépondérance du type gauche dans les aliments (albuminoïdes) expliquerait que l'un des éléments sexuels (femelle) fût toujours plus abondamment fourni de matières nutritives et aussi que la sexualité apparût par épuisement du milieu, car les substances droites, moins abondantes, disparaissent forcément les premières.

Et cependant, en y réfléchissant bien, le mystère ne semble pas insondable. Rappelez-vous la notion de plastides incomplets établie au début de ce travail par une expérience de mérotomie. Si un plastide est composé de substances plastiques $a\,b\,c\,d\,e\,f\,g\,h$, l'ablation totale d'une quelconque de ces substances rend le plastide incapable d'assimilation. Eh bien, nous sommes amenés à faire un pas de plus dans cette voie ; l'ablation totale du type droit de l'une ou de plusieurs des substances plastiques rend le plastide incapable d'assimilation. Donc les éléments sexuels, formés uniquement d'un seul type de toutes ces substances sont incapables. Les plastides incapables sont un cas particulier des plastides incomplets.

CHAPITRE X

THÉORIE DU SEXE

Une série de déductions d'apparence logique nous a conduits à une hypothèse sur la nature du sexe. Cette hypothèse est difficile à vérifier directement à cause de la petitesse des éléments mâles et de l'accumulation des substances nutritives dans les éléments femelles ; nous avons un autre moyen indirect de nous rendre compte de la valeur de cette hypothèse ; c'est de la considérer comme acquise et d'en tirer des déductions relativement au processus de la fécondation et aux phénomènes d'hérédité et d'atavisme. Si nous trouvons une conclusion théorique qui soit en désaccord avec les faits connus, ce sera une preuve certaine que la théorie est erronée. Si au contraire nous trouvons des vérifications constantes, si surtout nous arrivons à prévoir, sans les chercher, des phénomènes connus, il y aura des chances pour que nous ne nous soyons pas trompés. Essayons donc de bâtir une théorie du sexe sur notre hypothèse.

Attraction des éléments sexuels. — Deux éléments incapables sont en présence, contenant l'un toutes les substances droites, l'autre toutes les substances gauches d'une espèce considérée ; l'un d'eux, l'ovule, est immobile parce qu'il est chargé de substances inertes, l'autre, le spermatozoïde est tout à fait libre et mobile ; il se meut sous l'influence des réactions qui ont lieu entre le milieu ambiant et sa propre substance qui se détruit lentement. Les deux éléments sexuels sont d'ailleurs à la condition de destruction, puisque ce sont des plastides incapables d'assimilation. La destruction lente de l'ovule répand dans le milieu ambiant des substances gauches, résultant de la décomposition des subtances plastiques gauches, et ces substances diffusées ont, à cause de leur dissymétrie gauche, le pouvoir de réagir avec les substances droites du spermatozoïde. C'est précisément la condition nécessaire et suffisante pour qu'il ait attraction (1) chimiotactique, et l'ovule joue, par rapport au spermatozoïde, le rôle du tube de Pfeffer dont l'acide lactique attire les anthérozoïdes de fougères.

Les anthérozoïdes viennent à l'orifice du tube d'acide lactique et y pénètrent ; de même, si l'ovule a un micropyle, les spermatozoïdes viennent à ce micropyle et l'un d'eux pénètre dans l'ovule.

Fécondation. Loi du plus petit coefficient. — Les substances de même composition chimique et de dissymétrie contraire marchent l'une vers l'autre et se fondent ensemble pour donner des substances neutres : les pronucléus mâle et femelle se fondent ; les centrosomes se fondent, etc. Il est très vraisemblable qu'il y a fusion, substance droite à substance gauche et, par suite, union très intime dans toutes les parties.

Puisque nous avons affaire à des éléments incapables *de même espèce*, toutes les substances mâles a_m b_m..... h_m, ont dans l'ovule leur type complémentaire a_f b_f..... h_f, mais il n'y a aucune raison pour que les coefficients quantitatifs de ces substances soient les mêmes dans deux éléments provenant, comme cela a lieu généralement, de deux individus différents. Soient donc, d'une part z_m, β_m..... θ_m, et d'autre part z_f, β_f..... θ_f les coefficients quantitatifs ; considérons par exemple la substance a_f et et supposons que z_f soit plus petit que z_m. La neutralité résultera de la fusion d'une quantité z_f de la substance a_f avec *la même quantité* z_f de substance a_m. La substance neutre a, produit de la fusion, molécule à molécule, de a_f et a_m aura donc dans l'œuf fécondé le coefficient z_f, et il restera, non employée dans cette œuvre de fusion neutralisante, la quantité $(z_m - z_f)$ de substance a_m.

Le même raisonnement pouvant être appliqué à toutes les autres substances on voit que l'œuf contiendra : 1° un plastide complet, neutre, formé de toutes les substances neutres a b c..... h, chacune ayant pour coefficient quantitatif *le plus petit* des deux coefficients quantitatifs (2) des substances dissy-

----

(1) Théorie nouvelle de la Vie (op. cit.).

(2) Cette loi du plus petit coefficient est tellement inattendue, que, si elle est en rapport avec les faits d'hérédité, il y aura bien des chances

métriques correspondantes dans l'élément mâle et l'élément femelle. Soient, par exemple, α_f, β_m, γ_f, δ_m, ε_f, ζ_f, η_m, θ_f *les plus petits des coefficients*; le plastide neutre S, contenu dans l'œuf fécondé O aura la composition $\alpha_f a + \beta_m b + \gamma_f c + \ldots + \theta_f h$. 2° Outre ce plastide neutre équilibré S, l'œuf fécondé contiendra un composé des substances dissymétriques : $\varepsilon = (\alpha_m - \alpha_f) a_m + (\beta_f - \beta_m) b_f + \ldots + (\theta_m - \theta_f) h_m$.

Phénomènes consécutifs à la fécondation. — Quand on observe au microscope la fécondation dans un œuf d'oursin, le premier phénomène que l'on constate est une contraction du corps de l'œuf. Cette contraction montre que les conditions mécaniques ont changé et cela tient à deux causes : 1° des substances neutres ont remplacé les substances déséquilibrées; 2° les échanges avec le milieu sont devenus différents, puisque la condition numéro 1 a remplacé la condition numéro 2, l'assimilation a remplacé la destruction ; le noyau a repris son rôle de centre dirigeant les courants nutritifs, d'où contraction d'abord, puis division au bout de quelque temps. Ce sont là des questions de mécanisme cellulaire qui n'ont qu'un rapport indirect avec notre sujet. Remarquons seulement à ce propos, qu'il ne faudrait pas conclure, du choix forcé du plus petit coefficient, que le plastide équilibré S diminuera à chaque génération sexuée; si, comme cela est probable, il y a dans chaque cas et dans des conditions données, une dimension limite d'un plastide, au-delà de laquelle la bipartition intervient, il est fort naturel de croire que le plastide S assimilera pendant quelque temps *avant de se diviser*, de manière à ce que tous ses coefficients soient multipliés par un *même* nombre λ plus grand que l'unité, ce qui redonnera au plastide spécifique la quantité normale de substances plastiques, sans modifier la proportionnalité qui résulte du choix du plus petit coefficient dans la fécondation. Ceci posé, occupons-nous du terme ε de l'œuf fécondé.

Il est vraisemblable d'admettre que le terme ε ne prend pas part à l'assimilation et que celle-ci porte exclusivement sur le plastide neutre S; c'est là une nouvelle hypothèse que nous introduisons, mais elle est vraisemblable et il serait au con-

---

en faveur de l'hypothèse d'où elle découle comme une conséquence naturelle.

traire difficile de concevoir pourquoi les éléments sexuels sont plastides incapables, si l'assimilation peut porter sur des substances déséquilibrées comme celles du terme ε. Cette nouvelle hypothèse est donc en réalité une conséquence de la précédente.

Quand l'assimilation aura été suffisante, la bipartition se produira ; ce sera le plastide $(2S + \varepsilon)$ qui se divisera (1).

La division peut se faire de deux manières : 1° Si la bipartition est homogène, chacun des plastides sera $\left(S + \dfrac{\varepsilon}{2}\right)$; au bout de n bipartitions, chaque plastide sera $\left(S + \dfrac{\varepsilon}{2^n}\right)$, de sorte que le terme résultant de ε sera insignifiant : en outre, ε étant à la condition numéro 2 doit se détruire quoique lentement et l'on pourra considérer tous les plastides comme étant composés purement de S ; 2° Si la bipartition est hétérogène, il y aura un plastide S et un plastides $S + \varepsilon$; ε passe donc tout entier dans l'un des blastomères et au bout de n bipartitions, on aura un plastide $S + \varepsilon$ et $(2^n - 1)$ plastides S. Cette dernière hypothèse cadrerait avec l'observation et la théorie de Boveri sur l'*Ascaris univalens*.

Dans cette théorie de Boveri, le plastide $(S + \varepsilon)$ se reproduirait ainsi indéfiniment et serait le point de départ des éléments reproducteurs du tissu génital. Les éléments S seraient au contraire les éléments somatiques. Nous reviendrons là-dessus à propos de la formation des produits génitaux.

Quoiqu'il en soit, dans les deux cas, le Soma est composé de plastides équilibrés S et cela nous amène à cette constatation, démontrée péremptoirement par les phénomènes de castration parasitaire, que LES ÉLÉMENTS SOMATIQUES N'ONT PAS DE SEXE. Cela établi, voyons ce que donne, au point de vue de l'hérédité, notre hypothèse sur la nature du sexe.

Hérédité à la première génération. — Les plastides S sont des plastides somatiques équilibrés ; c'est de leur caractère quantitatif, c'est de la proportionnalité de leurs substances

---

(1) Je ne tiens pas compte, naturellement, des substances inertes du vitellus qui se répartissent dans les blastomères successifs et dont la présence fait que l'œuf a l'air de se diviser en plastides moindres que lui.

constitutives que dépendent les caractères individuels, morpho-logiques et physiologiques du Soma. Cela a été établi ailleurs (1) et n'a rien à voir avec le sexe ; la seule chose dont nous ayons à nous préoccuper ici est le rapport que la fécondation, comprise comme nous venons de le faire, établit entre l'élément somatique fils et les éléments somatiques parents. La règle du plus petit coefficient, à laquelle nous avons été si naturellement conduits, nous amène à distinguer 3 cas. 1° Tous les coefficients α_m sont plus petits que les coefficients α_f ; alors, la proportionnalité de l'élément S est identique à celle du père. Le soma fils est identique au soma père et ne tient de la mère *aucun* caractère. 2° Tous les coefficients α_m sont plus grands que les coefficients α_f ; le soma fils est identique au soma mère et ne tient du père aucun caractère. Ces deux cas extrêmes doivent être très rares. Enfin, 3° il y a des α_m plus grands, d'autres plus petits que les α_f correspondants ; alors le soma fils peut tenir du père certains caractères quantitatifs et d'autres de la mère ; il se peut aussi que toute la proportionnalité soit changée et que le fils ne ressemble à aucun de ses parents ; on sait en effet que ces trois cas de notre troisième hypothèse sont extrêmement fréquents.

Quand le père et la mère sont de même race, ils ont un certain caractère quantitatif commun dans la proportionnalité plastique ; c'est le caractère de race. Ce caractère a les plus grandes chances d'être transmis à leur rejeton. Supposons en effet, pour fixer les idées, que ce caractère soit le rapport de α à β. Si l'élément femelle est plus petit que l'élément mâle comme quantité absolue, de substances plastiques les coefficients α_f et β_f seront tous deux plus petits que α_m et β_m, puisque le rapport $\frac{\alpha}{\beta}$ est le même dans les deux sexes ; donc α_f et β_f passeront tous deux dans le rejeton d'après la loi du plus petit coefficient et le caractère quantitatif de race sera conservé. Il en serait de même si l'on avait supposé l'élément mâle plus petit que l'élément femelle et le raisonnement serait le même si l'on supposait que le caractère de race est plus compliqué et tient à une proportionnalité établie entre cinq, six ou même plus d'entre les substances plastiques constitutives. Donc, normalement,

---

(1) Évolution individuelle et hérédité (op. cit.).

dans les unions de race pure, le caractère de race est transmis au rejeton.

Métis. — Dans les unions d'individus de races différentes, nous trouvons les trois mêmes possibilités, au point de vue de l'hérédité des caractères de race que dans les unions de 2 individus quelconques, au point de vue de l'hérédité des caractères individuels. 1º Tous les coefficients z_m, *relatifs aux caractères de race*, sont plus petits que les coefficients z_f correspondants; alors le fils sera de la race du père, ce qui ne l'empêchera pas de tenir de sa mère certains caractères individuels étrangers aux caractères de race; par exemple l'union de 2 chiens de race différente pourrait donner un rejeton de la race du père, mais pigmenté comme la mère, dans les cas où la pigmentation est indépendante de la race. 2º Tous les coefficients z_m, relatifs aux caractères de race, sont plus grands que les coefficients z_f correspondants ; alors le rejeton sera de la race de la mère. Ces deux premiers cas doivent être assez rares. 3º Enfin, le plus souvent, il y a des z_m plus grands et des z_m plus petits que les z_f correspondants; le rejeton tiendra à la fois de la race du père par certains caractères, de la race de la mère par d'autres, ou même, il sera entièrement différent quoique ayant, le plus souvent, un type de race intermédiaire à celles des deux parents(1). Lorsque les deux parents sont de race différente, mais descendent d'un ancêtre commun, il se produit quelquefois un phénomène de retour atavique assez curieux. Prenons par exemple un pigeon grosse gorge qui se croise avec un courte face ; ils descendent tous deux du bizet commun par des variations quantitatives au cours de générations multiples; chacun d'eux a divergé du type ancestral par la majoration d'un caractère qui n'est pas développé chez l'autre. La loi du plus petit coefficient rend très compréhensible le fait, souvent observé, que les caractères extrêmes spéciaux à chaque race, peuvent disparaître chez les produits de croisement ; ici, le croisement donnera quelquefois un pigeon ressemblant au bizet. Quand nous étudierons le croisement au cours de plusieurs générations successives, nous constaterons que ce retour à l'ancêtre commun est encore plus

______

(1) Donc, en résumé, polymorphisme probable dans les produits de la première génération métisse. Or ce polymorphisme est parfaitement connu de tous.

probable qu'au bout d'une seule génération et s'explique très bien par la loi du plus petit coefficient. D'une manière générale, étant donnée l'occurrence fréquente des variations individuelles fortuites, on comprend par l'application de la loi du plus petit coefficient, que la génération sexuelle *aura pour résultat de maintenir la stabilité du type spécifique moyen ;* un caractère nouveau, obtenu fortuitement, n'existera pas en général chez deux individus à la fois ; au contraire, un caractère nouveau résultant, non d'un hasard, mais d'une adaptation nouvelle à des conditions nouvelles d'existence, sera acquis à divers degrés par *tous* les individus soumis à ces conditions et aura des chances d'être conservé par la génération sexuelle.

Avant de quitter l'histoire des métis de première génération, constatons que, si nous avons plusieurs produits de fécondation croisée, chacune des trois possibilités envisagées plus haut pourra se reproduire ; mais, même en écartant les cas extrêmes dans lesquels il y a ressemblance rigoureuse avec l'un des parents et nulle avec l'autre, et en nous en tenant à la troisième possibilité, la loi du plus petit coefficient fait prévoir qu'il pourra y avoir des différences énormes entre les divers rejetons du même croisement ; chacun d'eux aura, en effet, suivant les hasards de l'union d'un ovule plus ou moins *abondant* avec un spermatozoïde plus ou moins *abondant*, tel ou tel caractère de race du père associé à tel ou tel caractère de race de la mère, ou même d'autres caractères quantitatifs résultant de proportionnalités nouvelles. Et en effet, nous savons par l'observation journalière, que le polymorphisme le plus accentué se manifeste dans les produits de la première génération métisse.

Nægeli a constaté que le polymorphisme des métis de première génération est d'autant plus considérable que les parents sont de races plus voisines ; quand les parents sont de races très différentes, il y a, au contraire, une uniformité très remarquable dans les produits du premier croisement. La règle du plus petit coefficient explique lumineusement cette particularité. Supposons, par exemple, qu'il y ait 25 produits du premier croisement entre deux races très différentes A et B. Les caractères quantitatifs correspondant à A seront très différents de ceux de B et ces différences seront d'un ordre de grandeur *supérieur* à celui des différences quantitatives individuelles (1) existant entre les 25 générateurs de race A (que ces générateurs soient mâles ou femelles, peu importe). Donc, si pour l'un des générateurs A, le caractère quantitatif α est plus grand que le caractère quantitatif corespondant de B, il en sera de même du caractère α chez tous les autres générateurs A ; ce sera donc toujours le caractère α de B qui sera transmis au produit, et cela, je le répète, que l'on ait croisé un A mâle avec un B femelle ou un A femelle avec un B mâle. Donc, tous les produits du premier croisement seront composés des *mêmes* caractères de A et des *mêmes* caractères de B ; donc association uniforme des mêmes caractères empruntés aux deux races ; tous les produits seront uniformes.

Au contraire, si les races sont voisines, les différences quantitatives individuelles seront du même ordre de grandeur que les différences de race ; alors, suivant les hasards des accouplements, il pourra arriver que la loi du plus petit coefficient conserve dans un produit les caractères α, γ, θ de A et les caractères β, δ, ε, ζ, de B, tandis que le produit voisin contiendra une association des caractères β, γ, ε, θ de A avec les caractères α, δ, ζ, de B, etc. On voit que le polymorphisme sera d'autant plus probable que les races seront plus voisines ; il pourra être extrême dans certains cas.

Hybrides. — Le plus souvent, dans la nature, la fécondation n'a lieu qu'entre deux éléments sexuels appartenant à une même *espèce*. Vous vous souvenez que l'espèce est définie par la nature *qualitative* des substances plastiques ; dans le cas normal, il y a donc identité (sauf le type de dissymétrie différent) entre les substances plastiques des deux éléments qui se fusionnent ; autrement dit, à chaque substance a_m du spermatozoïde correspond la substance complémentaire a_f dans l'ovule ; la fécondation, la fusion molécule à molécule des substances complémentaires se comprend donc très facilement. Au contraire, mettons en présence un spermatozoïde d'une espèce et un ovule d'espèce *différente*. Le premier contiendra les substances a_m, b_m,... h_m, et le second les substances différentes r_f, s_f, t_f..., v_f. Que se passera-t-il ?

____

(1) Ces différences quantitatives individuelles peuvent tenir, soit aux caractères individuels des conjoints, soit au degré de vétusté plus ou moins grand des produits sexuels employés, etc...

D'abord, en général, les substances étant différentes, il n'y aura pas attraction entre l'ovule et le spermatozoïde, donc, pas de fusion. C'est ce qui se passe quand on met un œuf d'astérie dans de l'eau de mer contenant des spermatozoïdes d'oursin. Cependant, dans certains cas, il y a attraction et fusion, fécondation véritable entre des éléments sexuels de deux espèces différentes ; il est vrai que ces espèces sont toujours des espèces voisines, ce qui revient à dire que leurs substances plastiques sont, respectivement, des mêmes familles chimiques, autrement dit, le spermatozoïde ayant la composition plastique a_m, b_m..., h_m, les substances de l'ovule pourront être représentées par les lettres a'_f, b'_f..., h'_f, telles que a' est de la même famille chimique que a, b', de la même famille chimique que b et ainsi de suite. Empruntons maintenant une comparaison à la cristallographie. Nous savons que des substances chimiques de même famille cristallisent dans le même système et ont même quelquefois des formes cristallines identiques ; prenons deux de ces substances, deux aluns par exemple ; un cristal d'alun d'une espèce pourra se recouvrir d'une couche d'alun d'espèce différente, sans changer de forme ; bien plus, un cristal cassé d'alun de la première espèce, pourra être cicatrisé par l'alun de la seconde espèce. Il est donc vraisemblable, passant de la chimie à la stéréochimie, que, puisqu'une molécule de substance a_m, peut être complétée et équilibrée par l'accolement d'une molécule de substance a_f, elle puisse aussi être équilibrée et complétée par une molécule de substance a'_f si cette substance d'espèce différente a la même forme stéréochimique que a_f. Cela a lieu quelquefois, mais est souvent impossible, quand on met en présence des éléments venus d'espèces différentes. Quand il y a fécondation entre deux éléments d'espèce différente, on dit qu'il y a hybridation. Dans ces cas, les molécules équilibrées du plastide équilibré S, sont, si j'ose m'exprimer ainsi, des molécules *panachées* ; chacune d'elles est mi-partie d'une espèce, mi-partie de l'autre, chacune d'elles a la forme $(a_m + a'_f)$; autrement dit, *chaque molécule* de substance plastique dans l'œuf fécondé hybride est à *la fois* des deux espèces qui se sont illégitimement accouplées. Quand il s'agit d'espèces, les caractères quantitatifs n'ont pas d'importance si on les met en regard avec les caractères *qualitatifs* ; nous n'avons donc pas à nous préoccuper ici de la loi du plus petit coefficient ; mais une autre conséquence remarquable de la théorie saute aux yeux ; *chaque molécule de chaque plastide somatique, est à la fois des deux espèces considérées.* Le rejeton sera donc forcément intermédiaire aux deux parents et il le sera d'une manière spéciale, à savoir que *chacun de ces caractères* sera intermédiaire, *forcément*, aux caractères correspondants des parents. Or, Isidore Geoffroy Saint-Hilaire a précisément observé que les caractères des parents, qui se juxtaposent sans se fusionner, chez les métis, c'est-à-dire quand les parents sont de même espèce, *se fusionnent au contraire* toujours chez les hybrides, c'est-à-dire quand les parents sont d'espèce différente ; ainsi par exemple, comme l'a remarqué Focke, les métis de variétés de plantes de couleurs différentes sont ordinairement panachées, tandis que les hybrides de plantes d'espèces différentes ont la couleur uniforme intermédiaire. N'y a-t-il pas là une vérification remarquable de la théorie qui nous a amenés à concevoir que, chez les hybrides, chaque molécule de chaque plastide somatique est à la fois des deux espèces considérées ?

Le mulet est forcément intermédiaire dans toutes ses parties à l'âne et au cheval, mais le bardot aussi est intermédiaire à ces deux espèces dans toutes ses parties, seulement le bardot est différent du mulet et en effet il n'y a aucune raison pour que $(a_m + a'_c)$ ait exactement les mêmes propriétés chimiques et morphogénétiques que $(a_c + a'_m)$. Tout ce que nous venons de voir nous annonce que, les coefficients quantitatifs de race ayant fort peu d'importance quand il s'agit d'espèces différentes, la fusion des caractères spécifiques dans les hybrides de première génération donnera des produits remarquablement uniformes. Or ce fait que la théorie nous amène à prévoir est connu de tout le monde, et les naturalistes ont souvent établi le contraste qui existe entre l'uniformité des hybrides et le polymorphisme des métis de première génération.

Formation des produits sexuels. — Nous avons vu tout à l'heure que les plastides somatiques sont équilibrés ; si aucun phénomène nouveau n'intervenait, la sexualité disparaîtrait donc bientôt ; les plastides équilibrés peuvent seuls se multiplier et ne doivent jamais donner de plastides incapables. Cela a lieu en effet pour certaines espèces parthénogénétiques lorsque les conditions de milieu sont maintenues convenables.

Mais rappelons-nous comment se fait la différenciation histologique dans le soma ; il y a variation quantitative dans des plastides neutres *a b c d e f g h*, sous l'influence d'alternatives de condition numéro 1 et de condition numéro 2, c'est-à-dire, d'assimilation et de destruction. L'assimilation ne saurait créer de variation; il faut que la destruction intervienne. De même pour les substances déséquilibrées! Rappelez-vous que l'immortel Pasteur défiait les chimistes de synthétiser une substance déséquilibrée, sans produire, du même coup, la substance du type complémentaire. La nature vivante agit de même; l'assimilation ne crée que des substances neutres; il faut que *la destruction intervienne* ensuite pour détruire l'équilibre. Or, il y a certaines substances qui peuvent détruire le type gauche d'un corps neutre sans en détruire le type droit. Pasteur a signalé une mucédinée qui, dans une solution de paratartrate d'ammoniaque se nourrissait *uniquement* du tartrate droit sans toucher au tartrate gauche. Pour que des plastides déséquilibrés réapparaissent dans le corps, il faudra donc que, en un point de l'organisme, apparaisse une substance déséquilibrante, une condition numéro 2 de nature spéciale causant la destruction du type droit des substances plastiques sans toucher au type gauche. Cela se passe dans le tissu génital où nous voyons apparaître les plastides incapables qui sont les éléments sexuels mâles et femelles. Quelle est l'origine de ce tissu génital? Vient-il, comme le croit Boveri, d'une lignée spéciale qui, dans notre théorie, transmettrait jusqu'à lui le plastide $(S + \varepsilon)$ ou bien est-ce un plastide somatique S, semblable aux autres, qui se trouve seulement dans des conditions déséquilibrantes spéciales? Nous étudierons cette question à propos de l'hérédité à la seconde génération. Pour le moment contentons-nous de nous rendre compte du processus de formation des éléments sexuels incapables.

Supposez qu'en un point de l'organisme se produise une réaction destructive qui attaque seulement un type de substance plastiques, toutes les substances droites par exemple. Alors malgré l'assimilation rigoureuse des substances neutres, les plastides situés au point considéré de l'organisme deviendront de plus en plus gauches, de plus en plus femelles.

Soit $2u_m$ la quantité de substance mâle qui disparaît entre deux bipartitions; S donnera deux plastides $(S - U) + u_f$, U étant la somme $(u_m + u_f)$; c'est-à-dire que les plastides de la seconde génération auront une partie équilibrée $S' = (S - U)$ et une partie déséquilibrée u_f qui n'assimilera pas. Les conditions restant les mêmes S′ donnera deux nouveaux plastides (S′ — U) ou (S — 2U) dans lesquels il y aura une partie déséquilibrée u_f récemment produite additionnée de la moitié de ce qu'il y avait dans le plastide précédent c'est-à-dire en tout $\left(u_f + \dfrac{1}{2} u_f\right)$.

Et ainsi de suite ; la partie équilibrée du plastide ira donc en diminuant tandis que sa partie déséquilibrée augmentera et l'on obtiendra ainsi, au bout de quelque temps, des plastides incapables composés uniquement des substances femelles, ou *ovules*. Ce sera le produit ultime d'une série sénescente. Cette série sénescente ne se produit pas indifféremment en n'importe quel point de l'organisme, mais dans des tissus spéciaux, de bonne heure reconnaissables et qu'on appelle *tissus génitaux*. Quelquefois, chez le même individu, en deux points éloignés ou voisins l'on trouve deux tissus génitaux, originairement très semblables, mais menant à des produits ultimes complémentaires, le tissu mâle et le tissu femelle. Les individus sont dits alors hermaphrodites. Il importe de remarquer que le tissu génital ne conduit pas forcément à la production de plastides incapables ; voici par exemple des pucerons, à la belle saison, dans de bonnes conditions de température ; leur tissu génital produit des plastides capables ou œufs parthénogénétiques. Faites développer ces œufs dans des conditions défavorables et vous obtiendrez des individus sexués ; le tissu génital, chez l'un, conduira à des ovules femelles ; il conduira à des spermatozoïdes chez l'autre. Cela prouve que les conditions défavorables d'existence déterminent l'apparition de la sexualité dans les espèces où elle est facultative.

Dans les espèces supérieures, la sexualité est fatale et apparaît toujours à un âge déterminé. Les sexes sont séparés ; de quoi peut dépendre le sexe de l'individu. Est-ce de l'œuf ? Ici se pose la question à laquelle nous avons tout à l'heure négligé de répondre.

Que devient le terme ε de l'œuf fécondé ? Les partisans de la théorie de la continuité du plasma germinatif doivent penser avec Boveri qu'il y a une lignée spéciale de cellules depuis l'œuf fécondé jusqu'à la cellule initiale des tissus génitaux. Serait-ce donc la cellule (S + ε) qui, transmise sans altération au cours des bipartitions successives, donnerait naissance aux éléments reproducteurs. Alors l'atavisme serait bien compréhensible (1) ; en effet, (S + ε) étant identique à l'œuf fécondé origine de l'individu considéré, la destruction de ses substances gauches donnerait **un** spermatozoïde *identique* à celui de son père et les caractères du grand-père seraient transmis, à l'exclusion même des caractères du père, dans la nouvelle génération. Nous allons voir que cette transmission est inconcevable et d'ailleurs l'observation de Boveri sur l'ascaris est susceptible d'une interprétation bien plus intéressante et bien plus vraisemblable. Supposons, en effet, que la transmission de (S + ε) soit la règle et considérons la pomme de terre ; il faudra d'abord que (S + ε) se transmette à travers des multitudes de branches du soma à des multitudes de fleurs, ce qui est déjà impossible ; de plus, un morceau quelconque d'un tubercule somatique, composé exclusivement de cellules S, peut, par bouturage, donner naissance à un plant qui produira des fleurs fécondes. Où trouver là dedans la lignée (S + ε) ? Il est donc bien plus logique d'admettre que ε, à la condition n° 2, disparaît au bout d'un temps plus ou moins long, soit qu'il se répartisse entre tous les plastides S, soit qu'il reste accolé à l'un d'entre eux. Cependant, les plastides origine des produits sexuels ne proviendront pas indifféremment de n'importe quelle lignée chez les individus à tissus bien différenciés ; la différenciation quantitative qui affecte les plastides S pour en former les divers tissus (2) ne se produit pas pour ceux qui sont la lignée des cellules reproductrices, quelles que soient d'ailleurs les formes successives qu'elles prennent sous l'influence des conditions mécaniques extérieures. Je n'insiste pas ici sur ce phénomène qui est du ressort spécial de l'étude de l'hérédité et non de la sexualité. Mais on voit que l'observation de Boveri concorde avec cette interprétation.

Quelle est donc la cause qui détermine l'apparition de tel ou tel sexe dans un individu donné. Le plastide S est équilibré et n'a pas de sexe ; ε se détruit et sa destruction introduit peut-être dans l'organisme des substances dissymétriques qui auront une influence sur son sexe futur (?) ; je n'attache aucune importance à cette hypothèse à cause de la quantité insignifiante des substances ε par rapport à la masse de l'organisme ;

----

(1) Nous verrons tout à l'heure que l'atavisme s'explique fort bien sans l'intervention d'une telle transmission.

(2) Évolution individuelle (op. cit.).

d'ailleurs, sauf dans des cas exceptionnels & contiendra des substances droites et des substances gauches en quantités plus ou moins équivalentes.

Nous avons vu d'ailleurs que l'état hermaphrodite semble primitif chez les animaux supérieurs; il persiste chez ceux d'entre eux dans lesquels il n'y a pas antagonisme entre les éléments sexuels considérés comme parasites de l'organisme. Il disparaît dans le cas contraire, et nous avons vu plus haut (p. 72) le rôle de la lutte pour l'existence dans ce dernier cas : nous n'avons donc pas à y revenir.

Qu'il y ait antagonisme dans certains cas, coexistence dans d'autres, cela n'a rien qui puisse nous étonner, car, parmi les substances dissymétriques, il y en a qui se combinent exclusivement à des substances d'un type donné de dissymétrie, d'autres indifféremment à celles qui sont droites ou gauches. Certains parasites jouent d'ailleurs le même rôle antagoniste qu'une glande génitale de type inverse et leur action à distance sur les glandes génitales, dans la castration parasitaire indirecte, nous donne une indication sur le mécanisme de la maturation. C'est évidemment qu'une substance, existant dans l'organisme, et susceptible de déterminer la destruction dissymétrique des éléments génitaux, est absorbée par le parasite (1) qui empêche la maturité sexuelle. Toutes ces considérations nous prouvent que la nature du milieu intérieur renferme les circonstances déterminantes de la production du sexe.

Le sexe de l'adulte est celui de la glande génitale qui l'a emporté dans la lutte ; or, celui qui l'emporte est le plus apte *dans les conditions du milieu*. Ce sont donc les conditions du milieu interne qui ont décidé la victoire de l'un des parasites et l'établissement d'un sexe. Or, ces conditions de milieu interne dépendent certainement du milieu externe et il est évident que les conditions de nutrition, de température, pourront avoir une influence sur la production du sexe (2).

Mais, dans la détermination de ces conditions de milieu interne, il intervient peut-être d'autres facteurs que ceux qui

______

(1) Comme cette mucédinée de Pasteur, qui, du paratartrate d'ammoniaque, prélevait seulement le tartrate droit.

(2) Nous avons vu plus haut, page 70, comment ce sexe, une fois déterminé, se maintiendra par la lutte pour l'existence.

proviennent du milieu externe; il y en a peut-être qui proviennent de l'œuf, qui étaient déterminées dans l'œuf. Plusieurs exemples nous prouvent en effet que dans certains cas très spéciaux, le sexe est déterminé dans l'œuf et il semble, dans tous ces cas, que le sexe soit en relation avec *l'abondance plastique (ou vitelline ?)* de l'œuf, un œuf abondant donnant plutôt une femelle, et un œuf restreint, plutôt un mâle.

Considérons, par exemple, le cas de l'abeille chez laquelle, nous l'avons vu, il n'y a pas de femelle vraie. L'œuf parthénogénétique est sûrement différent de l'œuf fécondé puisqu'il donne toujours un mâle. L'œuf parthénogénétique était évidemment sur la voie sénescente qui mène à l'ovule, puisqu'il est susceptible d'attirer le spermatozoïde; seulement il a été expulsé avant d'être devenu incapable; il doit donc être de la forme $(S-U)+u_f$ dans laquelle c'est u_f qui attire le spermatozoïde.

Si on l'abandonne à lui-même, il est certain que $(S-U)$ se développera seul et que u_f se détruira. Ce sera donc un *petit œuf*, un œuf d'abondance plastique restreinte, et il donnera un mâle. Au contraire, s'il est fécondé par le spermatozoïde m, il deviendra $S-U+u_f+m$, et la somme (u_f+m) contient une partie équilibrée qui s'ajoute à $(S-U)$ et donne un *gros œuf*, un œuf d'abondance plastique considérable; or, cet œuf ne donne jamais de mâle, mais un individu parthénogénétique. Autre exemple emprunté au phylloxera, la génération ailée de cette espèce donne des œufs de deux espèces dont les uns, petits, donneront des mâles, les autres, gros, donneront des femelles.

Autre exemple emprunté aux rotifères : Il y a des pondeuses parthénogénatiques d'œufs donnant des mâles et d'œufs donnant des femelles; or, les œufs qui donnent des mâles sont plus petits que ceux qui donnent des femelles. Il semble donc que, dans les cas avérés où le sexe est déterminé dans l'œuf, cette détermination soit en rapport avec *l'abondance* de l'œuf, les petits œufs donnant généralement des mâles, c'est-à-dire que les conditions de milieu qui, dans l'individu provenant de l'œuf, favoriseront le développement du tissu mâle, sont déterminées d'avance par le volume de l'œuf initial. Mais c'est là une exception et il est plus probable que, le plus souvent, le sexe est déterminé par les conditions extérieures qui entourent le développement du jeune.

Avant de quitter ce sujet, remarquons qu'il est probable que c'est à la pénurie de substances nutritives d'une certaine dissymétrie qu'est due la destruction des substances plastiques dissymétriques qui causent la maturation de l'ovule. Si donc, on ajoute au milieu qui entoure les produits sexuels, les substances nutritives qui manquent, on pourra empêcher l'élément sexuel de devenir incapable ; c'est ce qui a lieu dans la *pseudogamie*. Une fleur, abritée contre le pollen de toute espèce végétale susceptible de la féconder est saupoudrée de pollen d'une espèce différente avec laquelle elle ne peut se croiser. Ce pollen joue le rôle de substance nutritive dissymétrique, fait disparaître, par conséquent, dans les conditions de milieu, la pénurie qui allait rendre incapable l'élément sexuel, et alors, cet élément sexuel, au lieu de devenir incapable, est parthénogénétique et donne des graines fertiles. L'espèce fournissant le pollen n'a donc aucune part dans les caractères de la graine obtenue et, en effet, cette graine donne une plante pure de mélange, ce qui n'aurait pas eu lieu s'il y avait eu fécondation croisée.

Sénescence des infusoires. — Avec les connaissances que nous avons acquises dans les pages précédentes, revenons sur les phénomènes de sénescence observés par Maupas chez les infusoires. Nous avons vu que, dans un milieu convenable, la parthénogénèse peut quelquefois se continuer indéfiniment ; il est donc possible que cela soit vrai aussi pour les infusoires ; nous ne le savons pas encore ; il semble probable que la sénescence est le résultat d'une pénurie progressive du milieu. La seule chose sur laquelle je veuille revenir ici est l'interprétation que l'on a donnée du phénomène de rajeunissement karyogamique ; une comparaison illégitime avec les animaux supérieurs hermaphrodites a fait considérer que les deux pronuclées d'un individu donné sont l'un mâle, l'autre femelle. Pourquoi alors, n'y aurait-il pas autofécondation, puisque, nous en sommes sûrs dans le cas présent, les deux pronucléus sont mûrs en même temps? Je trouve bien plus logique de croire qu'il y a dans un infusoire deux pronucléus mâles, et, dans son conjugué, deux pronucléus femelles.

Cela explique que deux individus d'une même lignée, ayant vieilli dans les mêmes conditions, ne puissent pas se féconder réciproquement ; *ils sont du même sexe*, parce qu'ils ont été rendus progressivement incapables par la même pénurie de milieu ; d'ailleurs, par antagonisme, comme nous l'avons vu plus haut, la sénescence commencée dans le sens mâle doit se continuer dans le sens mâle. Mais alors, pourquoi l'un des pronucléus se met-il en marche, l'autre restant immobile ? parce qu'il est plus près du corps attracteur. Il n'y a qu'une objection à cette manière de voir, c'est que les deux pronucléus en marche, ne se fusionnent jamais et à cette objection je ne vois pas comment répondre.

Produits de la deuxième génération. — Maintenant que nous avons assisté à la formation des produits sexuels chez l'individu provenant de l'œuf, nous pouvons continuer notre étude de l'hérédité sexuelle dans une série de générations successives ; mais, de même que tout à l'heure, nous nous restreindrons à l'étude de ce qui regarde directement la sexualité, c'est-à-dire la distribution des caractères du père et de la mère chez leurs descendants successifs. Nous ne nous préoccuperons donc jamais des caractères acquis au cours de la vie individuelle et si l'individu considéré provient du plastide équilibré S, nous considérerons le spermatozoïde qu'il donnera comme étant la moitié droite de S, ce qui est le cas général (1).

Pour les unions de race pure, nous n'avons rien de particulier à ajouter à ce que nous avons dit plus haut ; nous avons vu que le résultat des unions sexuelles est de fixer le type moyen d'une race, en faisant disparaître les variations accidentelles par l'application de la loi du plus petit coefficient.

On a souvent incriminé les unions consanguines ; la présente théorie ne nous montre aucune raison de croire que ces unions soient dangereuses, cependant il est facile de voir, par l'application de la loi du plus petit coefficient que si une même tare existe chez les deux conjoints, cette tare aura plus de chances d'être transmise quand les deux conjoints seront proches parents que quand ils seront de race différente.

La transmission des caractères latents s'explique facilement quand ce sont (et cela a lieu généralement), des caractères sexuels secondaires. On connaît le cas suivant cité par Lucas : Un père, atteint d'hypospadias a une fille ; cette fille hérite des caractères proportionnels du soma paternel et en particulier

---

(1) Pour l'hérédité des caractères acquis, voir Évolution individuelle et hérédité (op. cit.).

de celui qui se traduit par l'hypospadias, mais, naturellement, en l'absence du testicule déterminant les caractères sexuels secondaires, l'hypospadias ne se manifeste pas en tant qu'hypospadias, c'est-à-dire que le caractère quantitatif correspondant se traduit, dans ce soma femelle, par une tout autre production morphologique que nous ne savons pas remarquer. Mais le caractère quantitatif subsiste. Supposons que la femme en question ait des enfants, chez lesquels l'application de la loi du plus petit coefficient a autorisé la transmission du caractère quantitatif en question. Évidemment, tous les mâles seront hypospades; c'est ce que Lucas a observé.

Ceci nous amène à comprendre, par analogie, la transmission des caractères latents qui ne sont pas sexuels secondaires. Un grand'père a un tic, correspondant au caractère quantitatif π. Ce caractère π se transmet au fils, mais en même temps qu'un caractère φ, venu de la mère et qui est antagoniste du tic. Le tic ne se manifeste pas chez le fils; mais que, par application de la loi du plus petit coefficient π se transmette à la fille du du fils et que φ ne se transmette pas, la petite fille aura hérité du tic de son grand'-père, *latent* chez le père. Ce cas a été observé par Darwin.

Métis — On sait que les métis, au bout de quelques générations, retournent à l'un des ancêtres. Que les caractères π et φ d'une race A coexistent dans un métis C, avec les caractères P et R de l'autre race B, le hasard de l'application de la loi du plus petit coefficient pourra faire que, à la génération suivante, P et π coexistent en l'absence de φ et R. Donc, grande variabilité. Les unions successives tendront à la production de types moyens comme nous l'avons vu; mais précisément, les deux types ancêtres résultent d'un grand nombre de générations successives: ce sont donc des types moyens, et il est normal qu'ils se reproduisent au bout de quelques générations métisses (1). Le retour à l'ancêtre sera bien plus rapide si l'on croise le métis C avec A. En effet, π et φ se transmettront *certainement* au produit, comme nous l'avons vu plus

____

(1) Le hasard peut d'ailleurs amener la formation d'un nouveau type *moyen*, différent des deux ancêtres; alors ce type moyen est permanent. Lecoq en a obtenu de tels avec des *Mirabilis*, Godron avec des *Datura*; mais c'est l'exception.

haut pour l'hérédité des caractères de race, et, en outre, la loi du plus petit coefficient pourra transmettre au produit d'autres caractères de A. Le nombre des caractères de la race A ne pourra que croître au cours de telles générations ; le produit ultime tendra donc vers A.

Nous avons vu plus haut l'explication du cas où l'union de deux races, obtenues comme les races de pigeon, par divergence croissante du type ancestral commun le bizet, donne des produits débarrassés des caractères extrêmes par la loi du plus petit coefficient et qui retournent au bizet.

Hybrides. — Les vrais hybrides semblent inféconds ; quand ils sont féconds sont-ce de vrais hybrides ? Le lapin et le lièvre sont-ils des espèces *chimiques* différentes ou seulement des variétés quantitatives fixées par une longue série de générations ? Les léporides se comportent exactement comme des métis provenant de deux races différentes. Quand les vrais hybrides sont féconds, ils donnent des produits qui deviennent rapidement inféconds, mais qui ne retournent pas à l'un des ancêtres, comme les métis, ce qui, dans la théorie que nous discutons ici, s'explique immédiatement. Le retour à l'ancêtre n'est possible que si l'on effectue un croisement de l'hybride avec un individu d'espèce pure ; l'existence des molécules panachés $(a_m + a_f)$ rend ce phénomène tellement évident que le lecteur fera lui-même la démonstration.

CONCLUSION

Les faits semblent d'accord avec la théorie à laquelle nous a conduits l'étude générale du sexe ; s'il n'y a pas là une démonstration absolue du bien fondé de notre hypothèse, du moins avons-nous le droit, cette constatation faite, de nous appuyer sur elle pour coordonner les phénomènes connus tant qu'une autre théorie complète ne sera pas proposée, et il n'y en a pas jusqu'à présent. Geddes et Thomson ont bien essayé de démontrer que, d'une manière générale, les femelles sont anaboliques et les mâles cataboliques ; mais, ils le reconnaissent eux-mêmes (1), cela ne donne aucune notion de la *nature* du sexe. Nous avons été amenés, par des déductions dont la logique me semble inattaquable à admettre que, chez les êtres sexués, *chaque substance plastique a deux types moléculaires inverses et complémentaires ;* voilà l'hypothèse fondamentale. J'ai pensé à la dissymétrie stéréochimique, comme à une chose concrète permettant de comprendre aisément l'existence de ces deux types moléculaires et je ne vois pas d'autre moyen de concevoir ces deux types déséquilibrés, *mais il y en a peut-être.* En tous cas, ce que nous avons vu être en rapport avec les faits connus de la biologie générale, c'est l'existence de deux types moléculaires complémentaires de substances plastiques, et non la dissymétrie inverse de ces deux types. Une molécule neutre ou équilibrée résulte de l'accolement de deux molécules déséquilibrées inverses. Eh bien, l'assimilation ne produit que des substances neutres ; il faut un processus spécial de destruction, s'adressant seulement à un des types moléculaires inverses,

---

(1) Il est difficile, disent ces auteurs (*op. cit.* p. 168) de trouver une réponse à la fois sérieuse et directe à la question de la différence fondamentale entre le mâle et la femelle.

our mettre l'autre en liberté. Chez certains êtres vivants, ce phénomène spécial ne se produit jamais ; ces êtres sont asexués.

Chez la plupart des animaux et des végétaux, en particulier chez tous ceux que nous appelons supérieurs, il y a une partie sexuée le *soma* et une partie soumise à la destruction dissymétrique, savoir : *le tissu génital*. La destruction dissymétrique transforme les éléments génitaux en *plastides incapables d'assimilation* ; la fusion de deux éléments génitaux complémentaires donne un *plastide capable*, l'œuf fécondé, qui est le point de départ du nouvel individu.

Il y a des êtres hermaphrodites, chez lesquels les deux éléments complémentaires se produisent dans un seul individu. Il est probable que cela a été ainsi au début pour toutes les espèces sexuées ; mais il est arrivé que dans quelques-unes d'entre elles, un antagonisme est apparu entre ces deux éléments, antagonisme qui a abouti à la transformation en êtres unisexués d'êtres primitivement hermaphrodites. Les mammifères supérieurs et l'homme sont toujours unisexués. Quelle est la cause qui détermine, au cours du développement individuel, la victoire de l'élément mâle ou de l'élément femelle ? Il est bien difficile de répondre à cette question. Il est probable que, le plus souvent, le sexe de l'animal n'est pas déterminé dans l'œuf, mais dépend des conditions ambiantes.

Il semble cependant que dans des cas exceptionnels, le sexe puisse être déterminé dans l'œuf, et alors, les *œufs petits* donnent des mâles et les *œufs gros* des femelles.

Cette question de la détermination du sexe des individus tire son intérêt particulier, pour l'homme et les mammifères, de l'existence du dimorphisme somatique sexuel. Le soma n'a pas de sexe, mais sa morphologie est, *partiellement* au moins, guidée par le sexe du tissu génital qu'il contient, de sorte qu'il peut être avantageux, pour les éleveurs par exemple, de déterminer la production de celui des sexes qui donne au soma les caractères les plus précieux. Beaucoup d'efforts ont été tentés ; il y a peu de résultats jusqu'à ce jour.

La loi du plus petit coefficient, déduction logique de notre hypothèse fondamentale, nous a amenés à concevoir que les unions sexuelles ont la propriété d'entraver la variation des individus et de les fixer autour de certains types moyens qui constituent les races. Chez de rares espèces animales, chez certains papillons par exemple, il y a plusieurs types moyens dans une race donnée ; mais les caractères sexuels secondaires masquent, chez le mâle, cette pluralité de types qui reste seulement visible chez la femelle (polymorphisme féminin).

L'explication darwinienne des faits de la biologie générale a amené certains chercheurs à se demander si la sexualité est une chose utile aux espèces. Il ne me semble pas que la question se pose ; les conditions de destruction, qui transforment en plastides incapables les plastides équilibrés, *existent* dans la nature ; elles ont déterminé l'apparition de la sexualité qui s'est conservée depuis. Quant au remaniement total de la cellule qui résulte de la fusion, molécule à molécule, des éléments sexuels complémentaires, il est probable qu'il est avantageux, quoique, l'exemple de la pomme da terre le prouve, il ne soit pas indispensable. En tout cas, cette question de l'utilité du sexe a fait faire à de nombreux auteurs des raisonnements téléologiques qu'il vaut mieux éviter.

ÉVREUX, IMPRIMERIE DE CHARLES HÉRISSEY

Georges CARRÉ et C. NAUD, Éditeurs, 3, rue Racine, Paris

LEÇONS
SUR
LA CELLULE
MORPHOLOGIE ET REPRODUCTION
PAR
L. FÉLIX HENNEGUY
Chargé du Cours d'embryogénie comparée

Recueillies par FABRE-DOMERGUE, Docteur ès Sciences
ET REVUES PAR LE PROFESSEUR

1 vol. in-8° jésus, de 574 pages, avec 362 fig. noires et en couleurs
Relié : **25 francs**

L'étude de la cellule, qui se rattache si intimement à celle de toutes les autres sciences biologiques, et à laquelle se trouvent subordonnées tant de questions d'intérêt général, a fait dans ces dix dernières années des progrès considérables. Chaque jour la cytologie voit s'étendre les limites de son domaine, chaque jour de nouveaux faits viennent s'ajouter aux faits déjà recueillis et rendent plus difficile la connaissance complète du sujet, indispensable cependant à ceux qui voudraient aborder de nouvelles recherches.

Par la nature même de ses travaux, M. le professeur Henneguy était mieux placé qu'aucun autre pour sentir la nécessité de grouper tous ces faits en les résumant, et d'éviter ainsi à chacun la perte de temps qu'occasionne la lecture des mémoires originaux. C'est à la classification et à l'examen critique des documents cytologiques qu'il a employé plusieurs années de labeur et c'est à leur exposé méthodique qu'il a consacré un semestre de son cours du Collège de France que nous offrons aujourd'hui au public savant sous la forme d'un traité de Cytologie.

En entreprenant et en menant à bien une tâche aussi ardue, M. Henneguy vient de combler une regrettable lacune de la littérature scientifique, car nulle part encore n'existait un traité analogue sur la morphologie de la cellule.

L'auteur a pensé avec raison qu'à côté de la tentative inachevée de Carnoy, de l'ouvrage remarquable de Hertwig, il y avait place pour un livre classique, moins exclusivement physiologique que le dernier, plus complet et plus éclectique que le premier. Il a estimé fort justement que, dans une science où l'observation prime tout, la parole devait être donnée aux faits, et que la théorie ne devait en être que le corollaire et l'accessoire. Aussi, ses leçons sur la cellule sont-elles une mine inépuisable de documents rationnellement exposés et scrupuleusement critiqués. La théorie y tient une place fort petite, qui se trouve plus utilement remplie par des développements sur ses propres recherches et sur celles des auteurs les plus estimés.

Georges CARRÉ et C. NAUD, Éditeurs, 3, rue Racine, Paris

LES
CANCERS ÉPITHÉLIAUX

HISTOLOGIE — HISTOGÉNÈSE
ÉTIOLOGIE — APPLICATIONS THÉRAPEUTIQUES

Par FABRE-DOMERGUE

Docteur ès sciences, chef de laboratoire à la Faculté de médecine de Paris.

1 volume grand in-8° raisin, de 462 pages, avec 142 figures, dont 76 en couleurs, et 6 planches chromolithographiques hors texte, cartonné à l'anglaise. — Prix : **30 francs.**

Les Cancers épithéliaux constituent par leur nombre et leur fréquence la majeure partie des affections que l'on a l'habitude de grouper sous le terme générique et un peu vague de cancer. Les Sarcomes, au contraire, ou cancers conjonctifs, sont plus rares et doivent — de par leurs caractères cliniques aussi bien qu'histologiques — être l'objet d'une étude spéciale. C'est à la première catégorie de tumeurs que l'ouvrage de M. Fabre-Domergue est entièrement consacré.

L'auteur s'est attaché avant tout à donner dans son livre une idée très générale et très nette de l'origine histogénétique des cancers épithéliaux. Au lieu de chercher à en multiplier les types de description sans les réunir par des liens communs, il a voulu démontrer que, du tissu normal au tissu néoplastique le plus aberrant, il existe tous les termes de transition, et que chaque tissu de l'organisme peut de la sorte présenter le même tableau histogénétique, avec des plans rigoureusement parallèles et comparables les uns aux autres.

Mais la démonstration de l'unité histogénétique des tumeurs épithéliales, bien que de nature à jeter un certain jour sur les observations cliniques relatives à ces affections, ne constituait qu'une solution approchée de la question de leur origine. M. Fabre-Domergue a poussé plus avant dans cette voie, en montrant que la cause mécanique de la formation de toute tumeur épithéliale n'était que le résultat de la désorientation des plans de division de ses cellules constitutives. A une désorientation peu accentuée correspondent les Papillomes et les Adénomes que l'auteur réunit sous le terme commun d'Enthéliomes. Plus tard surviennent les Épithéliomes, et enfin, comme manifestation ultime et maxima de la désorientation, nous trouvons l'importante classe des Carcinomes dermiques aussi bien que glandulaires.

On peut donc dire que l'idée fondamentale qui a guidé M. Fabre-Domergue dans l'exposé de ses travaux, c'est l'idée de la désorientation

Georges CARRÉ et C. NAUD, Éditeurs, 3, rue Racine, Paris

actuel de la science, les lois purement physiques ou chimiques ne suffisent pas à expliquer la vie. Il faut regretter seulement que l'auteur n'insiste pas assez sur le caractère *peut-être transitoire* de ce dualisme des causes naturelles.

La seconde partie de l'ouvrage commence par la photogénèse, l'étude de l'énergie rayonnée par les êtres vivants. En abordant la photogénèse, M. Dubois prenait pied sur son domaine propre : l'étude de la production de la lumière par les animaux et les végétaux est son œuvre personnelle et en quelque manière sa création. Tous les physiologistes connaissent ses beaux travaux sur la pholade dactyle et le pyrophore noctiluque. Ils en trouveront ici un résumé et une synthèse et ils reliront avec intérêt l'explication, qu'après une longue série d'expériences délicates, il a donnée de la fonction photogénique.

Telle est la matière du premier volume des *Leçons de Physiologie*. L'exposé que nous en avons fait suffit à montrer le grand mérite du travail de M. Dubois et la haute valeur d'une œuvre qui s'annonce comme magistrale.

Dixième année.

REVUE GÉNÉRALE

DES SCIENCES

PURES ET APPLIQUÉES

Paraissant le 15 et le 30 de chaque mois

PAR LIVRAISONS GRAND IN-8ᵒ COLOMBIER RICHEMENT ILLUSTRÉES

ABONNEMENT ANNUEL :

Paris, **20** fr.; Départements, **22** fr.; Union postale, **25** fr.
Prix du numéro : **1** fr. **25**

Chaque livraison comprend cinq parties :

1ᵒ *Une chronique ;*

2ᵒ *Plusieurs articles de fond ;*

3ᵒ *L'analyse critique des ouvrages récents ;*

4ᵒ *Les comptes rendus des travaux soumis aux Sociétés savantes de la France et de l'Étranger ;*

5ᵒ *Le relevé des articles récemment publiés par les principaux journaux scientifiques d'Europe et d'Amérique.*

BOSC (F.), professeur agrégé à la Faculté de médecine de Montpel'
— **Le Cancer** (Epithéliome, Carcinome, Sarcome), maladie infecti
à sporozoaires (formes microbiennes et cycliques). 1 vol. in-8° ra
de 266 pages, avec 34 figures dans le texte et 11 planches chrom
thographiques **20**

BUNGE (G.), professeur à l'Université de Bâle. — **Cours de chimie
biologique et pathologique**, traduit de l'allemand par le Dr Jacquet.
1 vol. in-8° raisin, de VIII-396 pages . . . . **12 fr.**

DUBOIS (Raphaël), professeur à l'Université de Lyon. — **Anesthésie
physiologique** et ses applications. 1 vol. in-8° écu, de VIII-200 pages,
avec 20 figures. . . . . **4 fr.**

ETERNOD (A.-C.-F.). — **Guide technique du laboratoire d'histologie
normale** et éléments d'anatomie et de physiologie générales. 2° édit.
1 vol. in-8° raisin de 354 pages, avec 141 figures. . . . . . . **10 fr.**

FLATAU (Edward). — **Atlas du cerveau humain** et du trajet des fibres
nerveuses. 1 vol. grand in-4° comprenant 8 planches en héliogravure
et 2 planches en chromolithographie . . . . **22 fr.**

GUÉRIN (G.), professeur agrégé à la Faculté de médecine de Nancy. —
Traité pratique d'analyse chimique et de recherches toxicolo-
giques. 1 vol. in-8° raisin de VI-494 pages, avec 75 figures dans le
texte et 5 planches en chromolithographie . . . . **15 fr.**

HERTWIG (Oscar), directeur de l'Institut d'anatomie biologique de
l'Université de Berlin. — **La Cellule et les Tissus**. Éléments d'anatomie et de physiologie générales. Ouvrage traduit de l'allemand par
Ch. Julin. 1 vol. in-8° raisin de XVI-350 pages, avec 168 figures. **12 fr.**

JOLLY (L.). — **Les Phosphates** ; leurs fonctions chez les êtres vivants,
végétaux et animaux. 1 fort vol. grand in-8° jésus de 584 p. **20 fr.**

LABBÉ (A.), docteur ès sciences. — **La Cytologie expérimentale**. Essai
de Cytomécanique. 1 vol. in-8° carré de 188 pages, avec 52 figures,
cartonné à l'anglaise. **5 fr.**

LUKJANOW (S. M.). — **Éléments de pathologie cellulaire générale**.
Leçons faites à l'Université impériale de Varsovie, traduites par
MM. Fabre-Domergue et A. Pettit. 1 vol. in-8° raisin de VIII-324 p. **9 fr.**

MIQUEL (P.), chef du service micrographique à l'Observatoire de
Montsouris. — **Étude sur la fermentation ammoniacale** et sur les
ferments de l'urée. 1 vol. in-8° raisin de 320 pages, avec figures. **30 fr.**

OBERSTEINER (H.), professeur à l'Université de Vienne. — **Anatomie
des centres nerveux**. Guide pour l'étude de leur structure à l'état
normal et pathologique. Ouvrage traduit de l'allemand par le Dr J.-X.
Coroenne. 1 vol. in-8° raisin de XX-512 pages, avec 184 figures. **18 fr.**

SLOSSE (A.). — **Technique de chimie physiologique et pathologique**.
1 vol. in-8° raisin de 260 pages. Cartonné à l'anglaise . . . . **6 fr.**

TSCHERNING, directeur-adjoint du laboratoire d'ophtalmologie de la
Sorbonne. — **Optique physiologique**. Dioptrique oculaire. Fonctions
de la rétine. Les mouvements oculaires et la vision binoculaire. 1 vol.
grand in-8° jésus de 338 pages, avec 201 figures. . . . . . . **12 fr.**

Van GEHUCHTEN (A.), professeur à la Faculté de médecine de Louvain.
— **Anatomie du système nerveux de l'homme**. 2° édition. 1 vol. in-8°
raisin de 950 pages, avec 619 figures noires et en couleurs . . **30 fr.**

Milton Keynes UK
Ingram Content Group UK Ltd.
UKHW022120030324
438776UK00008B/1344